板蓝根

药材生产与现代应用

陈 勇 隋 春 蔺彩霞 主编

中国农业科学技术出版社

图书在版编目（CIP）数据

板蓝根药材生产与现代应用 / 陈勇，隋春，蔺彩霞主编．--北京：中国农业科学技术出版社，2024.9.
ISBN 978-7-5116-7065-6

Ⅰ．S567.23

中国国家版本馆 CIP 数据核字第 2024C6Z472 号

责任编辑	倪小勋　朱　绯
责任校对	马广洋
责任印制	姜义伟　王思文

出 版 者	中国农业科学技术出版社
	北京市中关村南大街 12 号　　邮编：100081
电　　话	（010）62111246（编辑室）　（010）82106624（发行部）
	（010）82109709（读者服务部）
网　　址	https://castp.caas.cn
经 销 者	各地新华书店
印 刷 者	北京建宏印刷有限公司
开　　本	170 mm×240 mm　1/16
印　　张	7.75
字　　数	130 千字
版　　次	2024 年 9 月第 1 版　2024 年 9 月第 1 次印刷
定　　价	42.00 元

版权所有·翻印必究

《板蓝根药材生产与现代应用》
编 委 会

主　编：陈　勇　隋　春　蔺彩霞

副主编：杨金钰　宋素琴　刘　奎

编　委（按姓氏笔画排序）：

王西和　王娟丽　王惊宇

乔　旭　孙　琳　杜　弢

李良军　杨宏伟　杨豫新

连翠蒙　辛小艳　汪雪晶

张俊花　陈　垣　陈　茹

赵　亮　贺雅婷　徐　斌

前言

在中医药的丰富宝库中，板蓝根用药历史悠久，其以显著的抗病毒、抗菌消炎等功效，在历经数百年的临床检验中被广泛认可，其药材市场需求也逐年增长。目前板蓝根年需求量在6万t左右，以板蓝根为主要原料的中西成药、中药饮片、兽药已超过2 000种，可见板蓝根药材拥有巨大的市场潜力。

随着研究的不断深入，人们对板蓝根的药用价值有了更客观清晰的认知，其栽培和生产也引起了广泛关注。《板蓝根药材生产与现代应用》包含八章，详细地介绍了板蓝根的种质资源、栽培技术、质量评价、饮片生产、临床应用、产品开发及市场前景等，旨在为板蓝根的生产者、研究人员及中药爱好者提供参考。

期望读者通过阅读本书，能全面了解板蓝根这一传统中药材，加深对板蓝根药材产业的研究及发展现状的认知，并激励更多科研及产业界人士参与到板蓝根的生产与应用中来。让我们共同努力，不断探索，推动这一传统药材的生产和应用向更高质量、更快速的发展迈进，使其在现代医药领域焕发新光彩。

本书的编写得到了众多机构和个人的大力支持，特别是引用了多位专家学者的论著和文章，相关出处已详细标注并列于参考文献部分，在此编者深表感谢。

最后，衷心感谢各位学者和专家的贡献，感谢各位读者选择本书。希望《板蓝根药材生产与现代应用》能为您的研究和实践带来价值和启发。

由于编者水平所限，不足之处敬请谅解。

编　者

2024年9月

目录

第一章　概　述	1
第二章　种质资源	3
第一节　菘蓝的植物学形态特征及生长发育规律	3
第二节　菘蓝的植物学分类地位与分布	5
第三节　民间药用菘蓝属植物	7
第四节　菘蓝栽培种质资源现状	11
第五节　菘蓝种质鉴定研究	17
第三章　栽培技术	19
第一节　种子种苗繁育	19
第二节　种子加工与处理	21
第三节　栽培技术	23
第四节　板蓝根病虫害防治关键技术	28
第五节　板蓝根水肥高效利用关键技术	46
第六节　采收与产地加工技术	48
第四章　质量评价	75
第一节　板蓝根外观质量评价	75
第二节　板蓝根质量评价方法	81
第三节　板蓝根药材和饮片的真伪鉴别	83
第五章　饮片生产	87
第一节　板蓝根饮片的制作工艺	87
第二节　板蓝根饮片质量控制与标准	91

第六章　临床应用 ··· 93
　第一节　板蓝根的传统和现代医学应用 ····················· 93
　第二节　板蓝根中成药及其应用 ··························· 95
　第三节　板蓝根在流行性疾病治疗中的应用 ················· 96
第七章　产品开发和综合利用 ····························· 97
　第一节　菘蓝在保健领域的应用与开发 ····················· 97
　第二节　菘蓝在食品领域的应用与开发 ····················· 99
　第三节　菘蓝在化妆品领域的应用与开发 ··················· 101
　第四节　菘蓝在染料领域的应用 ··························· 102
　第五节　板蓝根的综合利用与可持续发展 ··················· 103
第八章　经济分析与展望 ································· 105
　第一节　板蓝根种植效益分析 ····························· 105
　第二节　市场前景与发展趋势 ····························· 106
参考文献 ·· 108

第一章

概 述

板蓝根为十字花科植物菘蓝（*Isatis indigotica* Fortune.）的干燥根，通常指北板蓝根，具有清热解毒、凉血消斑、利咽止痛之效。板蓝根干燥的菘蓝茎叶为大青叶，可药用和食用，还可提取蓝色染料，菘蓝种子榨油，可供工业用。近年来，随着现代医学和药理学的发展，板蓝根的药效成分和作用机制也得到了更为深入的研究，其应用范围不断扩大，市场需求量也逐年升高。这一现状对板蓝根中药材种植、生产、应用的全产业链发展提出了更高的要求。本书对板蓝根这一中药材展开了全面深入的研究和探讨，涵盖了种质资源、栽培技术、质量评价、饮片生产、临床应用、产品开发和综合利用、经济分析与展望等方面。通过对板蓝根这一药材进行多角度展示，旨在为读者提供全面认识和把握中药材板蓝根种植生产和应用的视角，从而为板蓝根药材的生产和现代化应用提供助力。

本书共分为八章，参照中药材产业链上中下游的顺序，从板蓝根的种植、生产、应用三大板块出发展开阐述。第二章围绕板蓝根的种质资源，通过对其植物学形态特征、我国菘蓝属植物种类与分布、新疆分布的药用菘蓝属植物形态特征进行详细介绍，揭示板蓝根在自然环境中的生长特点和资源分布现状。第三章对板蓝根种子种苗繁育、种子加工与处理、栽培技术等方面进行深入探讨，为种植者提供科学指导和技术支持。第四章详细讨论了板蓝根的质量评价方法与标准，包括外观与化学指标的评价，以及药材和饮片商品规格指标等。通过分析板蓝根药材的质量评价指标和方法，提高对其质量的认识和把控。第五章至第七章，展示了板蓝根饮片生产、临床应用和产品开发与综合利用等，通过深入研究板蓝根在中医药领域的应用、药材与饮片的真伪鉴别以及在保健、食品、化妆品领域的应用与开发等,展示板蓝根在不同领域中的广泛应用前景和潜力。第八章对板蓝根种植展开经济分析与展望,通过对板蓝根种植效益、市场前景与发展趋势等的深入研究,为相关从业者和决策者提供实用的参考和建议,以期推动板蓝根产业的可持续发展。

整体而言,本书立足于板蓝根药材生产与现代应用这个大框架,通过系统研究和翔实阐述,全面呈现板蓝根这一中药材的多维面貌,以期为相关领域的研究者、从业者和政策制定者提供宝贵的参考和指导,从而助力板蓝根产业实现更好的发展和应用。

第二章

种质资源

菘蓝的使用,在国内最早可追溯至《神农本草经》,距今已有1 800多年。国外早在公元1世纪,印度一份航海的记录文件中就出现了海上运输蓝靛的记录。公元前2000年左右埃及出土的木乃伊之裹尸布里,也检验出含有菘蓝色素。欧洲的商人早在13世纪,就已经将菘蓝引进欧洲各国。20世纪80年代初,中国从日本引入了欧洲菘蓝(*Isatis tinctoria* Linnaeus.),欧洲菘蓝虽未被《中华人民共和国药典》(简称《中国药典》)收录,但在许多地方仍作药用,其根和叶均可入药,具有清热解毒、凉血消斑的药理作用。《中国药典》收录的板蓝根的基原植物菘蓝,同属其他植物也作为民间药用,如长圆果菘蓝(*I. oblongata* Dc.)与小果菘蓝(*I. minima* Bunge.)具有凉血消斑、清热解毒的功效,在民间一般用于缓解咳嗽、咽喉肿痛等症状。

第一节 菘蓝的植物学形态特征及生长发育规律

一、植株形态特征

菘蓝(*Isatis indigotica* Fortune.)为十字花科二年生草本植物,原产于中国的黄河流域和黑龙江流域。植株光滑无毛,带白粉霜,全株高40~100 cm。菘蓝植株茎直立,茎上部分枝;基生叶莲座状,蓝绿色,呈椭圆形或倒披针形,顶端钝或尖,基部渐狭,全缘或稍具波状齿,具柄;花梗顶端棒状，萼片椭圆形，花瓣黄色，倒披针形，花药椭圆形；短角果近长圆形，扁平，无毛，边缘有翅，果梗细长，微下垂；种子长圆形，淡褐色（图2-1）。

图 2-1 菘蓝的植株
（摄于北京协和医学院药用植物研究所）

二、生长发育规律

菘蓝对气候和土壤条件适应性较强。菘蓝喜温暖气候，耐寒，怕涝，喜阳光充足、土层深厚、疏松肥沃和排灌条件良好的砂质土壤，在国内各地均有栽培。

菘蓝为二年生长日照植物，一般采用种子直播，播种时间一般为4月上中旬，播种后7~10天出苗，经过营养生长阶段，露地越冬经过春化阶段，于翌春3月下旬抽薹，花期4—6月，果期5—7月，后收获种子。随后结实、枯萎，其生育周期为270~300天。随着地理纬度的差异和每年气候的变化，其物候期有所不同，南部产区物候期提早，春季较冷的年份物候期推迟。以新疆地区为例，板蓝根在北方适宜春播，并且应适时迟播，如果播种时间过早，抽薹开花早，不仅造成减产而且板蓝根的品质也会下降，最适宜的播种时间是 4 月 20—30 日，播后 7~10 天出苗。板蓝根一般在北疆 9 月中旬开始采挖，南疆在 10 月以后采挖。以黑龙江地区为例，板蓝根在北方适宜 5 月中上旬春播，并在当年的 9 月下旬至 10 月上旬采挖。以山西地区为例，板蓝根最适宜的播种时间是 4 月下旬至 5 月上旬，采挖时间以当年 10 月上中旬为佳（图 2-2）。

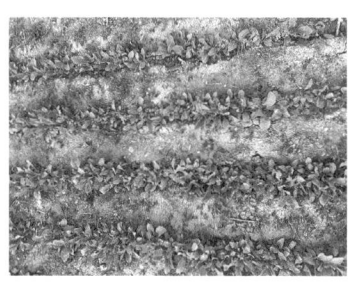

图 2-2 菘蓝的不同生长时期

（摄于北京协和医学院药用植物研究所）

第二节 菘蓝的植物学分类地位与分布

一、植物学分类地位

木兰纲 Magnoliopsida
　　蔷薇亚纲 Rosidae
　　　蔷薇超目 Rosanae
　　　　十字花目 Brassicales
　　　　　十字花科 Brassicaceae
　　　　　　菘蓝属 *Isatis*
　　　　　　　菘蓝 *Isatis indigotica*

二、分类检索

1. 花瓣白色；短角果提琴状，具宽翅，果长为宽的2倍，顶端截状尖凹，密生短柔毛 ………………………………… 宽翅菘蓝 *I. violascens* Bunge
1. 花瓣黄色；短角果非提琴状，果长为宽的2~5倍，无毛或有毛 …………………………………………………………………………………… 2
2. 果瓣有3棱 ……………………………………………………… 3
2. 果瓣有1棱 ……………………………………………………… 4
3. 短角果长圆状倒卵形或长圆状椭圆形，长1~1.5 cm，宽4~5 mm，顶端及基部圆形 ………………………… 三肋菘蓝 *I. costata* C. A. Meyer.
3. 短角果椭圆形，长0.8~1.3 cm，宽1~2 mm，顶端截形，微凹 ………………………………………………………… 小果菘蓝 *I. minima* Bunge
4. 短角果长圆形，长1~1.5 cm，无毛或中肋有毛，顶端具短钝尖，两侧渐窄，中部以上较宽 ………………… 长圆果菘蓝 *I. oblongata* Dc.
4. 短角果近长圆形，宽楔形或倒卵状椭圆形 ……………………… 5
5. 短角果近长圆形，植株光滑无毛，叶耳不明显或为圆形 ………… ………………………………………………………… 菘蓝 *I. indigotica* Fort.
5. 短角果宽楔形或倒卵状椭圆形，有毛或无毛 ………………… 6
6. 短角果倒卵状椭圆形，有毛 ………… 毛果菘蓝 *I. tinctoria* var. *praecox*
6. 短角果宽楔形，无毛；植株具白色柔毛，叶耳锐形或钝，半抱茎 … ………………………………………………… 欧洲菘蓝 *I. tinctoria* Linnaeus.

三、分布

全世界菘蓝属的同属植物有30余种，大多分布在中欧、西亚、中亚以及地中海地区。中国境内有6个种及1个变种，大多分布在甘肃、黑龙江、河南、新疆、内蒙古、宁夏等地。其中，新疆产5种和1变种（即常说的乌斯玛草），是中国菘蓝属植物的自然分布中心之一，也是中国菘蓝植物最集中的自然分布中心。自唐代以来，就有关于菘蓝的人工栽培记载。菘蓝栽培历史悠久，野生资源分布相对较少，现主要以栽培品种流通，其主要分布地区见表 2-1。

表 2-1　部分菘蓝属植物的分布

物种	分布地区
宽翅菘蓝 *I. violascens* Bunge	中国（新疆）、哈萨克斯坦、塔吉克斯坦、乌兹别克斯坦
三肋菘蓝 *I. costata* C. A. Meyer.	中国（内蒙古）、俄罗斯、蒙古国
小果菘蓝 *I. minima* Bunge	中国（新疆）、俄罗斯、伊朗、巴基斯坦
长圆果菘蓝 *I. oblongata* Dc.	中国（辽宁、内蒙古、甘肃和新疆）
菘蓝 *I. indigotica* L.	在中国各地均有栽培，主要分布于黑龙江、甘肃、河南、河北等地
毛果菘蓝 *I. tinctoria* L. var. *praecox*（Kit.）Koch	中国（新疆）、欧洲、俄罗斯
欧洲菘蓝 *I. tinctoria* Linnaeus.	中国（江苏、河南、广东、福建和安徽）、欧洲、西伯利亚、北非、北美洲

第三节　民间药用菘蓝属植物

一、长圆果菘蓝（*I. oblongata* Dc.）

长圆果菘蓝（*I. oblongata* Dc.）具有清热解毒的功效。长圆果菘蓝为二年生草本，植株高 30~70 cm。茎直立无毛。叶片卵状披针形，长 2~4 cm，宽 1~1.5 cm，先端圆形，基部渐狭，全缘，两面无毛；茎生叶披针形，长 2~8 cm，宽 3~25 mm，先端急尖，基部箭形，抱茎，全缘，中脉显著。总状花序顶生；萼片长圆形；花瓣黄色，长圆形。短角果长圆形，长 10~15 mm，先端短钝尖，两侧渐窄，中部以上较宽，无毛，中肋显著隆起，两侧脉不显著，有纵条纹。种子长椭圆形，黑棕色。花、果期 6—7 月（图 2-3）。

图 2-3　长圆果菘蓝的植株

二、小果菘蓝（*I. minima* Bunge）

小果菘蓝（*I. minima* Bunge）具有凉血消斑，清热解毒的功效。小果菘蓝为一年生草本，植株高 50 cm；茎直立无毛，基部分枝。基生叶长圆形，顶端圆形，边缘深波状或具齿；茎生叶线状披针形或线形，长 1.5~4 cm，宽 1~10 mm，基部耳状，抱茎，两面无毛。总状花序具少数疏生花；萼片长圆形，长约 1 mm，疏生糙毛；花瓣黄色，长圆状卵形，长 1.5~2 mm。短角果椭圆形，长 8~13 mm，宽 1~2 mm，顶端截形微凹，有扁平翅，基部渐窄无翅，有 3 条不规则纵肋，有细柔毛及缘毛；果梗有白色细柔毛。种子长圆形，长约 3 mm，黄褐色。花果期 5—6 月（图 2-4）。

三、宽翅菘蓝（*I. violascens* Bunge）

宽翅菘蓝（*I. violascens* Bunge）用于温病发热，发斑，风热感冒，咽喉肿痛等症，主要生于海拔 450 m 上下的荒漠地带的半固定沙丘。宽翅菘蓝为一年生草本，植株高 20~60 cm；茎直立无毛，分枝。茎下部叶倒披针形或

图 2-4　小果菘蓝的植株

(陈焱燚摄于新疆维吾尔自治区火烧山、乌鲁木齐市近郊)

长圆状匙形，长 3.5~6 cm，宽 1~1.5 cm，顶端圆钝，全缘或有不明显锯齿，无毛；茎生叶长圆状倒卵形、卵形或线状披针形，长 1.5~6 cm，宽 5~25 mm，全缘，基部具叶耳，抱茎。圆锥花序疏生；萼片长圆形，长约 1 mm；花瓣白色，长圆状倒卵形，长约 2 mm。短角果提琴状，长 10~13 mm，宽 4~6 mm，扁平，顶端截状尖凹，基部圆形，密生短单毛，全部有膜质翅。种子椭圆形，长约 4 mm，黄棕色。花果期 4—6 月。宽翅菘蓝在生长发育节律、繁育及结实特点上形成了与荒漠环境相适应的特性，在荒漠植物群落的形成及植被演替中具有重要作用（图 2-5）。

四、毛果菘蓝 [*I. tinctoria* L. var. *praecox* (Kit.) Koch]

毛果菘蓝 [*I. tinctoria* L. var. *praecox* (Kit.) Koch] 分布于中国新疆，在欧洲、俄罗斯西伯利亚也有分布。花直径 2.5~3 mm；短角果倒卵状椭圆

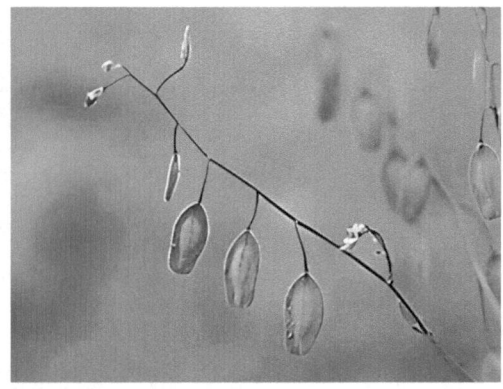

图 2-5 宽翅菘蓝的植株

（刘冰摄于新疆维吾尔自治区昌吉回族自治州）

形，长 7~14 mm，宽 3~6 mm，长为宽的 2~2.5 倍，常有柔毛。花果期 6—7月（图 2-6）。

图 2-6 毛果菘蓝的植株

（陈又生摄于北京）

五、草本乌斯曼（*I. tinctoria* L. var. *tinctoria*）

草本乌斯曼（*I. tinctoria* L. var. *tinctoria*）是欧洲菘蓝的变种，下有亚种乌斯玛，分布于印度及中国新疆地区。乌斯玛草维吾尔语称"乌斯玛生眉草"。乌斯玛草被称为毛发的粮食。富含促进毛囊活化的有效成分如松蓝苷、芥苷等，可以促进眉毛及头发生长。乌斯曼草描眉这种方法在维吾尔族世代相传。草本乌斯曼是中国新疆所特有的一种菘蓝,生长在79.934 25°E,37.116 46°N。乌斯曼草为欧洲菘蓝的变种,是二年生十字花科草本植物,叶子呈深绿色,形似柳叶(图 2-7)。

图 2-7 乌斯曼草的植株

第四节 菘蓝栽培种质资源现状

一、栽培种质类型

据记载,自唐代起,就有关于板蓝根的人工栽培记录。目前市场上流通的板蓝根药材大多来自人工栽培,悠久的栽培历史,栽培的地域广泛,产区的扩大迁移,导致栽培菘蓝种质资源多样性程度较高,目前普遍将中国种植的菘蓝归纳为大叶(南方种植)、小叶(北方种植),但经长时间栽培,加上20世纪70年代生产上还存在国外引种现象,现今国内各地混种,区分不明,使得板蓝根的含量、产量等差异显著。也有报道表明,经四倍体诱导的板蓝根的产量和有效成分含量均高于二倍体植株。

不同栽培区、不同种质的菘蓝的植株形状存在多样性差异,如株型、株高、叶形、叶色、种子形状、大小及颜色等(图 2-8)。有研究表明,来自14个省份的39份菘蓝种质,于同一试验地种植后表现出明显的植物形态学差异,其主要差异来源于叶长、叶宽、叶面积、主根长、主根粗及木质部。可见，板蓝根种质间存在丰富的遗传多样性。

图 2-8　菘蓝植株形态：叶片颜色、形状、
叶缘波状程度、叶缘缺刻程度、是否被毛、种子形态差异
（摄于北京协和医学院药用植物研究所）

二、栽培种质遗传多样性研究

在植物进化过程中其遗传组成可能会发生变异，形成种间、种内丰富的遗传多样性。物种遗传多样性具有不同的表现形式，既有不同结构水平的遗传多样性，如外部形态、核型、DNA 碱基差异等，也有功能水平上的遗传多样性，如生理生化、生长发育等方面的差异。目前主要用于研究物种遗传多样性的手段有形态学标记与分子标记等。

形态学标记是传统分类学的重要依据，主要包括植株形态和花粉形态，是指能够明显显示遗传多样性的外观形态。陈苏丹等将 14 个省份的 39 份菘蓝分为 5 个类群，其 Neis 基因分化系数（Gst）为 0.491 6，发现居群内有较高水平的遗传分化。不同菘蓝居群在形态学上存在丰富的变异，具有丰富的遗传多样性和种质资源的流动性。有报道表明大叶菘蓝和小叶菘蓝在植株形态上存在差别，其种子形态也存在明显差异。在同样的栽培条件下，不同产地来源菘蓝的角果在形状、颜色、果柄长度、千粒重等方面存在显著差异。

随着现代生物技术手段的发展，DNA 分子标记技术逐渐兴起，成为探究遗传多样性的重要方法之一。基于叶绿体 DNA 和 ISSR 分子标记技术对菘蓝进行遗传聚类分析，表明各种质居群间的遗传分化程度较高，且居群间遗传变异大于居群内。有报道通过 RAPD 技术发现窄叶菘蓝亲本及无性系对一定浓度的根腐病具有抗性，为菘蓝抗性基因的挖掘与培育抗病品种奠定基础。

不同探究菘蓝遗传多样性的方法手段都有各自的优势和局限性，可以从不同角度全方位地提供有价值的信息，有助于全面、多角度地了解并认识菘蓝物种遗传多样性及其生物学意义。菘蓝遗传多样性的研究有助于优质品种选育、物种多样性的保护及挖掘。

三、优良栽培种质筛选研究

菘蓝野生资源研究利用较少，生产上主要依靠人工栽培。菘蓝对气温与土质的要求不高，故栽培地众多，全国各地均有栽培。随着各地生产与经济环境的不断变化，主产区逐渐由我国中部和东南地区扩展至西北及东北地区。据调查，20 世纪七八十年代，河北、河南、江苏、安徽等省开始发展菘蓝种植，逐步成为菘蓝主产区。进入 21 世纪后，菘蓝主产区逐步向北、向西扩展至甘肃、黑龙江、河南、新疆、内蒙古和宁夏等地，目前黑龙江、甘肃已成为菘蓝最主要的生产基地。

不同栽培地气候环境的差异会导致收获的板蓝根药材也存在一定差异。收集不同板蓝根种质于黑龙江、山西地区栽培后分析评价其产量及品质，发现不同栽培地区的板蓝根性状、产量及有效成分含量存在明显差异。

四、栽培品种选育研究

目前,用系统选育法、单株选育法、多倍体诱导法等多种选育手段,以高产、优产为目标,选育并通过鉴定的菘蓝品种有河北地区的冀蓝1号、甘肃地区的定蓝1号、定蓝2号、松鸣1号和中青1号,以及四倍体菘蓝,各个品种都各有特色。

冀蓝1号:叶片较小,长圆状椭圆形,叶浅绿色,质薄,向上斜伸,叶长25.15 cm,宽4.19 cm;主根深长,根较少分枝,平均根粗2.20 cm,平均根鲜重65 g,折干率28.5%。种子千粒重为6.91 g,浸出物为34.3%,抗菌效果明显好于普通栽培菘蓝;该品种地上部分叶片较小、直立,可适当密植,栽植株行距0.1 m×0.25 m,亩(1亩≈667 m²,全书同)栽植2万株以上,比普通菘蓝每亩多种5 000株以上,可提高板蓝根单位面积产量。抗菌效果明显优于普通菘蓝。目前在河北省隆化县、安国市、石家庄市鹿泉区、邯郸市涉县及生态条件类似地区推广栽培(图2-9)。

图2-9 冀蓝1号植株

定蓝1号:选育出的板蓝根新品种定蓝1号较当地对照品种增产27.7%;特级/一级品出成率较对照分别提高3.3个和11.3个百分点;根病率/病情指数分别降低2.75个和2.17个百分点;总灰分3.6%、酸不溶性灰分 0.4%、浸出物 51.0%、R,S-告依春 0.256%，分别优于 2010 版《中国药典》标准。定蓝 1 号为板蓝根高产、优质、抗病、抗逆生产提供了新的种质资源。

定蓝 2 号：定蓝 2 号喜冷凉气候，有较强的耐寒性，忌高温，耐旱能力较强，属于喜钾作物。其根呈圆柱形，当年可长到 25~60 cm，表面淡黄色；茎基部粗 1~5 cm，植株直立。定蓝 2 号特级品出成率平均为 22.9%，较定蓝 1 号提高 4.0 个百分点；一级品出成率平均为 23.5%，较定蓝 1 号提高 7.5 个百分点。定蓝 2 号霜霉病平均发病率为 15.7%，较对照当地大田种降低 70.3%，较定蓝 1 号降低 55.0%；病情指数为 16.8，较对照当地大田种降低 64.3%，较定蓝 1 号降低 34.1%。定蓝 2 号对霜霉病的抗性较强。适宜在海拔 1 800~2 300 m、年降水量 450~550 mm 有灌溉条件或者降水充足的生态区种植，如甘肃岷县、漳县等。

松鸣 1 号：松鸣 1 号菘蓝新品种是采用系统选育法，从国内各地收集的 58 份菘蓝种质资源中，按照高产、优质、抗逆的育种目标，历经 5 年选育出的综合性状优良、符合生产要求的中药材板蓝根新品种。该品种生长势旺、抗逆性强、主根粗壮、产量高、告依春含量远高于对照品种（图 2-10）。

图 2-10　松鸣 1 号植株

中青 1 号（大青叶）：中青 1 号的多点生产试验平均亩产 159.5 kg，比对照当地品种增产 20.4%，差异达显著水平。中青 1 号生产试验平均亩产 165.9 kg，比对照当地品种增产 22.1%，差异达显著水平。田间调查鉴定，中青1号对霜霉病表现为高抗；对灰斑病也表现为高抗。适宜在甘肃省陇南、兰州、定西、白银等地种植（图2-11）。

图2-11 中青1号植株

四倍体板蓝根：四倍体板蓝根不仅具有多倍体药用植物的基本特征，植物器官组织巨型性，新陈代谢旺盛，产量和有效成分含量也相应增加，对外界抗逆性增强。

选育出的板蓝根品种如表2-2所示。

表2-2 选育出的板蓝根品种

品种或种质	选育单位	选育来源	审定时间和编号	主要特性
冀蓝1号	河北省农林科学院经济作物研究所	菘蓝群体中系选育	2014年，冀S-SV-SM-031-2014	叶片较小，浅绿色，质薄，向上斜升，主根深长，分枝少；抗菌能力强
定蓝1号	甘肃省定西市农业科学研究院	绿茎型菘蓝单株选育	2015年，甘认药2014003	主茎淡绿色，着生白色蜡毛；主根外表皮白色；叶片长瓢形，单叶，耐寒
定蓝2号	甘肃省定西市农业科学研究院	单株选择法	—	大田生产示范中，鲜板蓝根产量、特级品出成率、一级品出成率分别较定蓝1号增产6.9%、4.0%、7.5%。霜霉病平均发病率较定蓝1号降低55.0%
松鸣1号	甘肃中医药大学	系统选育法	2023年，农业农村部授予植物新品种权	生长势旺、抗逆性强、主根粗壮、产量高、告依春含量远高于对照品种

(续表)

品种或种质	选育单位	选育来源	审定时间和编号	主要特性
中青1号	中国科学院近代物理研究所	重离子辐照育种	2016年,甘认药2016007	对霜霉病表现为高抗;对灰斑病也表现为高抗
四倍体板蓝根	第二军医大学	第二军医大学选育	—	茎秆粗壮,叶片宽大厚实,花与果实较大,主根明显,分枝较多

第五节 菘蓝种质鉴定研究

菘蓝种质鉴定一般从形态学鉴定和分子鉴定等方面开展,形态鉴别主要观测植株整体性状、根、茎、叶、花、果、种子等,目前报道生产上的菘蓝与欧洲菘蓝在形态上的差异主要表现如下(图2-12)。

图2-12 欧洲菘蓝(左)与菘蓝(右)植株
(摄于北京协和医学院药用植物研究所)

菘蓝(*Isatis indigotica* Fort.)植株全株高40~100 cm。基生叶莲座状,蓝绿色,呈椭圆形或倒披针形,顶端钝或尖,基部渐狭,全缘或稍具波状齿,具柄;花梗顶端棒状,萼片椭圆形,花瓣倒披针形;短角果近长圆形,扁平,无毛,边缘有翅。欧洲菘蓝(*I. tinctoria* Linnaeus.)植株高30~120 cm;茎及基生叶背面带紫红色;基生叶莲座状灰绿色具长柄,茎生叶披针形或长圆形,无柄;总状花序呈圆锥状,花梗纤细下垂,花瓣宽楔形,顶端平截；短角果宽楔形不开裂，有翅无隔膜。

菘蓝种质的鉴定技术研究中，已报道的有 ITS2 条形码、RAPD 和 ISSR 分子标记技术。利用 ITS2 条形码鉴定等分子鉴定技术，可用于区分中药板蓝根与南板蓝根及其混淆品蓼蓝和大青等种间关系。一种基于菘蓝全基因组序列开发的 SSR 分子标记引物组，包括 SSRSL01、SSRSL02、SSRSL03、SSRSL04、SSRSL05、SSRSL06、SSRSL07 和 SSRSL08，可用来检测不同菘蓝品种的遗传多样性，可以有效区分菘蓝不同栽培类型的差距，该方法可用于菘蓝栽培类型的鉴定、遗传多样性分析及良种选育等方面（表2-3）。菘蓝分子标记技术不仅可用于基源鉴定还可用于品种选育，进一步开展分子标记技术在菘蓝抗性等性状定位和优良单株或株系早期选择中的应用研究，将会快速推进菘蓝优良新品种的选育。

表 2-3 菘蓝 SSR 分子标记引物组

引物编号	预期产物长度/bp	引物序列（5'-3'）	序列表中位置
SSRSL01	223	F：TCGTCTGCCCTTATGCCTCTCA	SEQ ID No. 1
		R：AGTCGCTGAGATGGGAGGTTCT	SEQ ID No. 2
SSRSL02	186	F：TGTTGCCTCCACGTCATGATAA	SEQ ID No. 3
		R：ACCAGTCGTACATGCGCCTAAG	SEQ ID No. 4
SSRSL03	176	F：TCGTTCGGTTATGACGGCTCTT	SEQ ID No. 5
		R：CGTAAGGTCCAATGGCGAATAT	SEQ ID No. 6
SSRSL04	206	F：TCCGCACGAGAGAATGGCTAAT	SEQ ID No. 7
		R：TCCTGACCGTCCATTCGAATTC	SEQ ID No. 8
SSRSL05	192	F：ACTCTCAGGGCAGCGACAGAAA	SEQ ID No. 9
		R：TCTCCCACCACCACCACAAATA	SEQ ID No. 10
SSRSL06	253	F：CAAACCACCACCGGACCACTAT	SEQ ID No. 11
		R：GCCTCTCCATCCTCGTCGTATT	SEQ ID No. 12
SSRSL07	212	F：TGGAGCAAGAAGAGAGGTTAGG	SEQ ID No. 13
		R：TTTGAAGCTCTGCAGGGAAAGT	SEQ ID No. 14
SSRSL08	191	F：ACACACACAATTATCCGCATCT	SEQ ID No. 15
		R：AGTGACCGACGATGGAGAATAA	SEQ ID No. 16

第三章 栽培技术

第一节 种子种苗繁育

一、种子繁育生物学基础

板蓝根为二年生草本，采用种子繁殖，第一年进行营养生长，主根入土深可达 33～50 cm，主根上端被折断后，也能再次萌芽生长，地上株高 40～90 cm，播种当年形成莲座状的叶丛，茎直立，营养生长期间割去部分叶片几次，都能重新萌发新叶。以宿根越冬，翌年进行生殖生长，4—6 月开花结实，8 月种子成熟。其适应性较强，喜温和湿润气候，耐寒、耐旱，对自然环境和土壤要求不严，抗寒能力强，霜后仍可生长；喜疏松肥沃的湿润砂质壤土，怕涝，可连作。

二、繁种技术

（一）第一年营养生长时期的管理

选地、整地与施肥。板蓝根根系入土较深，应选地下水位低、排水良好、疏松肥沃的砂质壤土或河流冲积土种植。过沙、过黏、低洼地生长不良，易分叉。播种前对土壤进行深翻，结合整地每公顷施腐熟厩肥 6 000 kg，同时施入氮肥、磷肥和钾肥，肥料水平为 N 56 kg+P 525 kg+K 37.5 kg，氮肥、磷肥和钾肥分别由尿素、磷酸二铵和硫酸钾提供，其中磷酸二铵在作畦时，作基肥一次性施入，氮肥和钾肥作为基肥与磷酸二铵混合后施入，施后耕细耙平，打碎土块，以备作畦。

作畦与播种。采用平畦覆膜播种，畦的宽度0.8 m，畦距0.2 m，每畦播种3行。于7月下旬至8月上旬进行播种，播前选择籽粒饱满、发芽率为80%以上的优良种子，用30℃温水浸种3~4 h，捞出种子，稍晾即用适量干细土拌匀播种。可与小麦混播，小麦出苗后为板蓝根幼苗遮阴，避免幼苗被阳光直射而烧伤，小麦收割后幼苗在田间越冬，第二年继续培育。

间苗、定苗与中耕。幼苗株高长至4~7 cm时及时间苗，按株距10 cm定苗，保苗数2万株/亩。幼苗出土后浅耕，由于杂草与板蓝根幼苗同时生长，齐苗后应及时中耕除草。

加强水肥管理。板蓝根生长前期水分不宜太多，以促进根部向下生长，在叶片旺盛生长期，每15~20天浇水一次，结合灌水每公顷每次施尿素、硫酸钾分别为40 kg和28 kg；干旱时注意浇水，以利于板蓝根正常生长，可在每天早、晚进行，切勿在阳光暴晒下进行，以免高温烧伤叶片，影响植株生长；雨季注意排水，长期积水，板蓝根易烂根；在其生长中后期，每8~10天叶面喷施0.2%的磷酸二氢钾，以促进地上叶片生长。

越冬期管理。10月下旬封冻前，选晴天先收割大青叶并及时晾晒，防止霉烂。入冬后对枯枝、落叶、杂草等进行清理，集中烧毁处理，以防残留的病菌、虫卵成为板蓝根植株返青后的初侵染源。同时，还要加强管护，防止人、畜对制种田践踏。

（二）第二年生殖生长时期的管理

茎叶生长期管理。翌年随着地温回升，板蓝根地上部分产生新叶，于4月下旬及时对制种田进行中耕、除草，结合中耕，每20~25天浇水一次，每两次水追肥一次，每次追肥种类与数量分别是尿素75 kg、硫酸钾150 kg，以促使其拔节、抽薹和开花。

返青后管理。翌年返青后，4—5月进行中耕、除草和追肥，以促使早拔节、抽薹和开花、结实。追肥时可将75%磷酸二氢钾溶液100 mL加入1 g/kg尿素溶液中叶面追施，以保证板蓝根种子形成和发育阶段对N、P、K等营养元素的需求，尤其是种子成熟期对P、K肥的需求，有利于籽粒饱满。

去杂去劣。在板蓝根植株抽薹初期,及时对留种的植株进行去杂去劣,选留符合本品种典型特征的种苗作为留种的植株,剔除叶形、叶色与本品种特性不符合的可疑植株,同时对开展度过小或过大、植株体较高或较矮以及受到病虫害侵染的植株,及时拔除。选择符合种苗标准、种性特征明显、生长健壮的植株。除去与该品种特征不同的杂株、劣株,提高品种纯度。

花期管理。6—7月,随着温度升高,板蓝根进入开花结实期,可于上午10点前或下午4点后,采用0.2%的磷酸二氢钾叶面喷施板蓝根种株,以促进其植株生长和增强抗逆性,利于籽粒饱满,提高结实力。

(三) 采种及贮藏

6—7月板蓝根种子颜色由黄褐色变为紫褐色时,采下果穗干,脱粒,去除杂质。将去杂的种子置于通风干燥处保管,防止受潮、虫蛀。一般板蓝根种子贮存时间为一年,存放时间超过一年的板蓝根种子应低温贮藏。

第二节 种子加工与处理

种子加工与处理,从最初的清选、干燥两道工序开始,现发展到分级、拌药、包衣和丸粒化、计量、包装、运输等多个环节,其发展目的主要包括提高种子萌发率和作物产量、增强植株抗逆性、提高品质及优化农业生产效益、保护生态环境等方面。

传统的种衣剂是在菘蓝种子表面形成一层包膜,而丸粒化种子包衣技术,可将传统包衣剂减量10%~20%,分散在丸粒化包衣材料中进行造粒,使种子体积扩大,异形种子呈正圆球状。让种子、种苗的根部在苗期始终包裹在包衣丸球中,得到长期有效保护,从而达到防治土传、种传病虫害的作用。与传统种衣包膜相比,能有效降低种衣剂用量10%~20%。现已发展到缓释性丸粒化种子包衣技术。缓释性丸粒化种子包衣技术的缓释性,重点是按照病虫害环境条件、核心特点与发生规律,利用丸粒化加工方法,使农药稳定、持续地释放，以实现有效控制病虫害的终极目的。不仅具有控制药剂的释放量及时间，使施药到位、及时，提升原药综合功效的显著优势，还可以降低环境中水分、空气、微生物及光对原药的分解，减少流失与挥发的可能性，进而延长残效期，减少用药数量及次数。丸粒化种子包衣技术使高毒农药低毒化，降低了毒性，减少了农药的漂移，有效减少了环境污染，也对药剂的物理性能进行了优化，使液体农药固型化，致使运输、储存、使用及后期处理都十分便利。此外，板蓝根种子通过丸粒化包衣加工后进行机械化播种，可降低播种成本80%，使得生产效率得以提高。同时通过精准化播种，保证了产品条型整齐，提升了商品性，增产又增收（图3-1）。

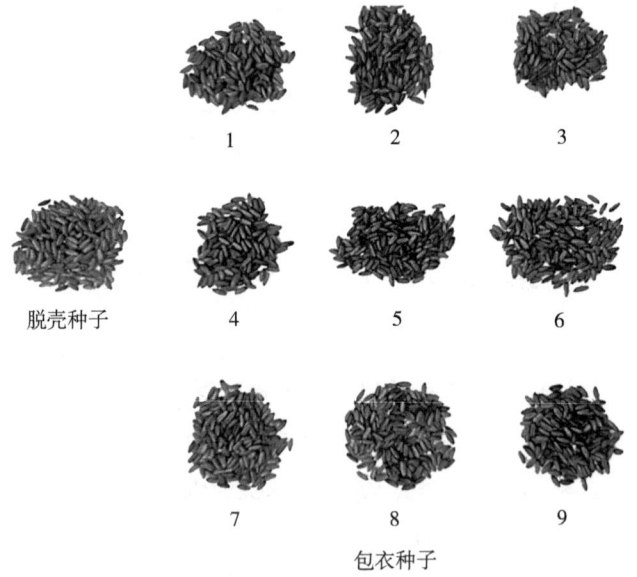

图3-1 脱壳种子与包衣种子对比

种子丸粒化包衣剂用药量比例设计参考如下。

方案一：50%多菌灵按0.01%比例均匀分散于种子丸粒化包衣剂中。

方案二：50%多菌灵按0.015%比例均匀分散于种子丸粒化包衣剂中。

方案三：适乐时悬浮种衣剂按0.005%比例均匀分散于种子丸粒化包衣剂中。

方案四：适乐时悬浮种衣剂按 0.008% 比例均匀分散于种子丸粒化包衣剂中。

与传统带壳种子田间产量对照相比，以上 4 个方案脱壳丸粒化包衣板蓝根种子试验示范小区平均增产 11%。此外，脱壳丸粒化包衣板蓝根种子包衣材料也可以含有效杀菌、杀虫成分，如精甲霜灵、氟唑环菌胺、噻虫嗪等。

第三节　栽培技术

板蓝根栽培技术对板蓝根产量和品相影响较大，目前主要有两种方式，板蓝根精量播种关键栽培技术和板蓝根间套种栽培技术。

一、板蓝根精量播种关键栽培技术

在我国的中医药发展史中，板蓝根作为一种大宗药材，发挥了重要的作用。随着科学技术的发展与进步，板蓝根的种植技术和规程愈发完善，板蓝根的人工种植已规范化与成熟化。如板蓝根的主要产区黑龙江省大庆市大同区是全国知名的板蓝根生产基地，年种植板蓝根 7 万亩左右，"中国板蓝根第一县" 黑龙江省泰来县板蓝根种植面积目前达 9.3 万亩（图 3-2）。而在这些板蓝根产区大规模发展的过程中，机械化栽培技术的引入也在逐步优化着板蓝根种植的多个过程，不断提高板蓝根的种植效率。

图 3-2　"中国板蓝根第一县"黑龙江省泰来县种植基地

板蓝根栽培程序主要有整地→育苗→移栽→田间管理→挖掘→收获→整理加工等工序。板蓝根的种植方式一般采用常规畦栽方式,在作畦等关键栽培技术环节上难以采用机械作业,导致板蓝根畦栽种植管理过程中劳动强度大。在采收方面,传统板蓝根采收过程需要人工镐刨锹挖,费工费时,功效低,成本高。一般每人每天采收不过 0.05 hm²,严重影响了生产的效率和成本,从而阻碍了板蓝根规模化种植的产业发展。而目前随着技术的不断发展与优化,结合农业生产实际,许多适宜板蓝根人工种植的机械化技术也在不断发展。

在板蓝根整地作畦过程中,不同于常规畦作,姜涛等探究出一种大垄双行栽培技术。主要方法为用旋耕机充分旋耕将土块打碎后,用三铧犁或四铧犁进行深起垄,垄距 75 cm,然后再用耙子将垄台上的较大土块打碎耧平,要求耧平后垄台顶部宽度保持在 35 cm 左右。此种大垄双行技术不仅便于苗期栽培管理,还特别适合机械采收,能够极大地提高生产效率。在板蓝根播种中,偶有出现利用传统小麦播种机或者小籽粒播种机播种板蓝根,由于板蓝根种子长且扁,形状不规则且质量轻,导致机械播种时容易堵籽,播种不匀,所以实际生产中仍以人工撒播为主,费工费时。研究者设计了一种适合板蓝根农艺要求的 2BB 型播种机。该机具作业时通过悬挂机构挂接在拖拉机三点悬挂臂上,作业前将排种器调整为合适的播种量开口,根据撒播或者宽行条播调整排种装置。作业时拖拉机悬挂机具前进,合墒器将耕地平整,开沟器开出播种沟,强制排种装置将种子喂入排种器,排种分种机使籽粒落入地面或者宽行种沟内,最后由覆土镇压器进行覆土镇压。可一次性较好完成板蓝根的开沟、取种、落种、覆土及镇压作业,大大提高板蓝根播种效率。

在育苗及管理过程中,研究者成功实行 1 膜 8 行双滴灌带机械高效栽培技术,实行板蓝根播种灌溉一体化。该技术中专用铺膜播种机精量点种,机械铺膜使用 1.45 m 地膜,膜下 8 行种子、2 条加压滴灌带一次完成。宽窄行播种,窄行 15 cm、宽行 25 cm、株距 10 cm、膜间行距 40 cm,播深 4~6 cm。左边 4 行的中间铺 1 条滴灌带,右边 4 行的中间也铺 1 条滴灌带。播完种子后及时滴水,干种湿出,确保板蓝根约 10 天出苗。这种方式也便于板蓝根后期管理。由于板蓝根种植密度大，夏季生长旺、叶片多、蒸发量大，应经常滴水灌溉，保持膜下湿润，地上干爽，这种方式能够保证供水充足又不引发病害。

在板蓝根采收过程中，板蓝根主根长10~30 cm，为了保持根部的完整性，人工挖掘要挖40 cm以上的深沟翻土，劳动力成本极高，这也是板蓝根种植中最主要的难题。目前板蓝根采挖机械多以薯类收获机改装获得，但是存在挖掘深度不足、机器故障率高、挖掘阻力大、筛分效果差等问题。而板蓝根的机械化采挖的难点主要在于开发深层挖掘减阻技术和根茎与土壤分离技术，目前基于该特性对于板蓝根收获机具的开发也出现了许多尝试。彭晓亮等研制了一种4GB-700型板蓝根收获机，该收获机主要由挖掘装置和分离装置组成，其中挖掘装置由固定式铲刀机构和振动机构组成，两种机构配合使用，能够保证掘出物及时顺畅地被输送至分离装置，避免了铲面壅土，解决了机具易堵塞问题。杜华波等设计了一种林下种植板蓝根的采收装置，收割装置采用锯齿铲头将土壤和板蓝根翻出，利用抖动式带有通孔的筛板对根土混合物进行分离。黄英群等设计了一种板蓝根收割机，该收割机主要包括板蓝根挖掘装置和收割装置，挖掘装置由若干倾斜向下的挖掘刀组成，采用振动网筛来完成根土分离作业。

随着板蓝根国内外市场需求量的不断增加，其栽培面积也不断扩大。随着种植的需求和技术的发展，未来板蓝根全程机械化栽培技术也将会更加多样化及成熟化。

二、板蓝根间套种关键技术

(一) 套种技术的概念

套种是立体农业模式的一种，主要利用种植群落的空间结构原理，充分利用有限的资源和土地空间。这种种植方式在农业生产中广泛应用，在同一块土地上同时种植两种或两种以上相近生长季节的作物，根据不同作物的生物特性，株距、行距和占地面积的合理设计，进行分行或分带种植从而实现最佳种植效果。套种模式通过在不同时间播种两种或两种以上作物的方式，使土地利用率最大化，实现农业生产的多样化和持续性。在提高农作物产量的同时,还有利于土地资源的可持续利用和保护。

(二)板蓝根套种技术的研究

在套种模式中经常由喜阴与喜阳植物、高秆与矮秆搭配,形成高光合效率与高水分利用效率的生态模式。该模式下可以减少田间杂草,提高土地使用效率,增加农业产值。板蓝根作为一种具有较高经济价值的药用植物,其与农作物、经济作物、果木都进行一系列套种的种植实践。

粮食作物中,将大叶板蓝根、小叶板蓝根、太空板蓝根,按照3∶1、4∶1、5∶1的比例套种玉米,收获时测定板蓝根和玉米籽粒产量来衡量经济效益。结果表明,3个板蓝根品种套种玉米经济效益均极显著高于单种板蓝根模式。在经济作物中,板蓝根与水果、蔬菜、油料作物、药材都进行过套种。板蓝根与芝麻、蚕豆等一年生经济作物进行套种,可以有效提高亩产收益。板蓝根与芦笋(石刁柏)、树莓、猕猴桃等多年生经济作物进行套种,可以有效避免作物当年没有产量的问题,降低种植人员的风险。板蓝根与钩藤等药材进行套种,能显著提高钩藤的株高、茎粗、一级分枝数、二级分枝数、单钩率、双钩率及冠幅等农艺指标,且显著提高板蓝根的根长、根茎、须根数、根重、每平方米产量及折合亩产指标,两者互相促进生长,综合提高生产效益。除了单一的两两套种模式外,晋北地区板蓝根—玉米—柴胡的复合套种模式比玉米单作增收50.24%;比板蓝根单作增收22.61%,实现了多种作物与板蓝根复合套种模式的技术性成功。

(三)套种技术对板蓝根种植的影响

板蓝根为二年生草本植物,喜生长于荫蔽且上层透光性充足的林下开阔地带,因此具备作为中间层作物的优良条件。板蓝根与其他植物套种,通过空间的集约化使用,提高能源利用效率,从而提高了经济产量。如在间作群体中,树莓与板蓝根植株高度差异大,植物叶和光照具有互补效应。在生长盛期,树莓叶77.26%集中于100~160 cm高度,而板蓝根95%分布在5~15 cm高度,两者占据不同的空间,配置层次化,为光透射创造了条件。同理,药粮间作中玉米与板蓝根的间作利用了植株的高矮搭配及根的深浅搭配,玉米吸收养分和板蓝根不在同一土层,且玉米对板蓝根有遮阴

第三章 栽培技术

效果,从而有效提高双方产量。

板蓝根与其他植物套种,也能够提高土壤肥力,减少植物病虫害。树莓与板蓝根套种的立体种植模式下,有效降低病虫源数量,获得无病虫害壮苗。板蓝根为二年生草本,对其进行种植、采挖的耕作中又进行了松土、除草等工作,可以有效提高土壤肥力,减少土壤养分流失,抑制杂草生长(图3-3)。

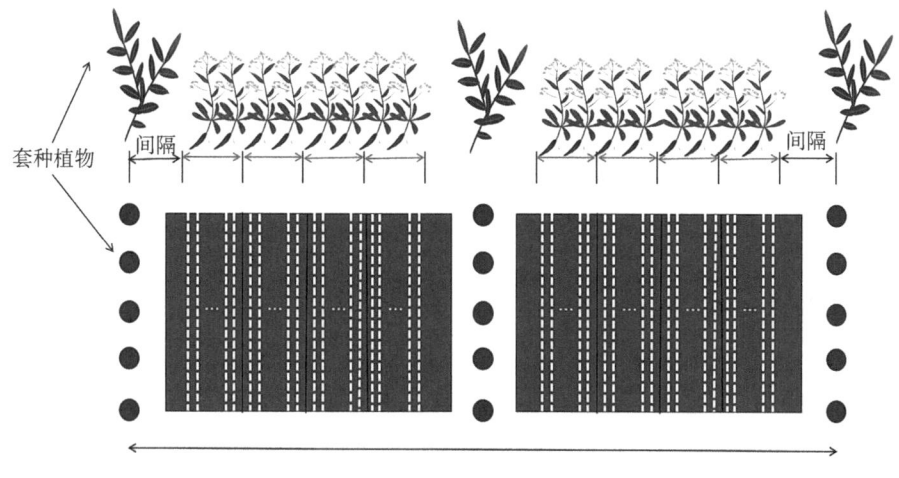

图3-3　板蓝根套种示意图

套种植物可包括芦笋、树莓、猕猴桃、玉米、钩藤等。

三、板蓝根轮作关键技术

轮作是一种传统的经典农业种植模式,由古至今被中国乃至世界各地所推行,目前主导的轮作方式大致分为3种类型。一是豆谷轮作。据北魏时期农学专著《齐民要术》记载,传统种植时会将豆类作物作为前茬作物,能够有效促进后茬作物的生长,提高土壤肥力,轮作模式的雏形已经可见。虽并不了解豆科作物根瘤可固定空气中的氮素这一原理,但当时的生产经验已经让人们意识到豆科作物在轮作中养地的作用。豆谷轮作的主要方式包括大豆—小麦,绿豆、小豆—谷子,大豆—谷子、黍、稷,小豆—春小麦等。二是粮食—绿肥轮作。我国从西周时期已经开始种植野生绿肥作物。种植下茬作物前,将绿肥作物就地打碎还田,沤烂后可培肥地力,提高后茬作物产量。粮肥轮作的主要方式有谷子—胡麻（绿肥），小麦—绿豆（绿肥），小麦—苜蓿，水稻—苕草，水稻—翘荛等。三是水旱轮作。主要是指南方地区一年两熟的稻—麦、稻—油菜、稻—豆等轮作方式。板蓝根作为一种十字花科二年生草本，为了保持土壤肥力和减少病虫害的发生，也可实行轮作换茬制度。

目前，随着轮作模式的成熟，多样化轮作制度是现代农业可持续发展的重要农业技术措施，对改善土壤条件，提高区域资源利用效率具有重要意义。

第四节　板蓝根病虫害防治关键技术

板蓝根在全国各地均有栽培，但由于环境变化、田间管理不当，常引发病害与虫害，导致产量低下，品质变劣，减少药农收入。板蓝根栽培中的主要病害有霜霉病、菌核病、根肿病、根腐病、灰斑病、黑斑病、白锈病等，主要虫害包括板蓝根斑潜蝇和板蓝根灰地种蝇等。板蓝根种植过程中出现病害应及时防治，否则将引起减产和药材品质的下降，造成一定的损失，影响种植效益。

一、板蓝根病害

（一）板蓝根霜霉病

霜霉病是中药材板蓝根生产中出现的重要病害之一，每年均有不同程度的发生。近年来随着种植面积的扩大，其危害程度逐年加重，严重影响板蓝根产量及质量。板蓝根霜霉病的主要侵染部位为板蓝根的叶片，也可侵染花梗、茎以及角果。发病初期，板蓝根的叶面边缘会出现不规则的病斑，颜色为淡黄色至褐色，叶面背部出现病斑的地方会出现灰白色的霉霜。病菌感染严重时，板蓝根的叶片会枯萎，花瓣、花梗等部位也会变成褐色，并有白色的霉层。该病害一般与栽培条件、温度和湿度有关，在春季低温多雨季节容易发病，4—6月为发病的高峰期，而夏天高温干旱季节该病的发病率较低，到冬天时，由于气温较低，且湿度较大，该病的发病率又会上升（图3-4）。

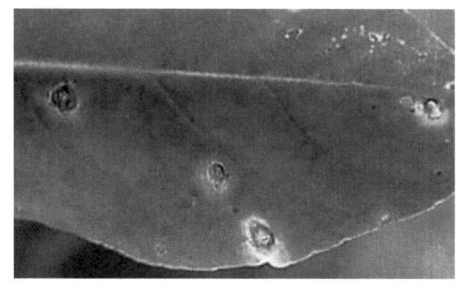

图3-4　板蓝根霜霉病

1. 病原

霜霉病致病菌为 *Peronospora isatidis* Gaum，属鞭毛菌亚门，卵菌纲，霜霉目，霜霉菌科，霜霉菌属。其孢囊梗1根至数根，丛生，自气孔伸出，主梗（轴）较粗壮，基部膨大，叉状分枝2~6次，顶枝（末枝）弯曲；孢子囊卵圆形或椭圆形。

2. 病害循环方式

霜霉病的病害循环分为3个主要过程：菌丝体在寄主病残组织中越冬，适宜的温、湿度条件下，于病部不断产生孢子囊，春季天气回暖后从病部抽生孢子囊梗及孢子囊。具体如图3-5所示。

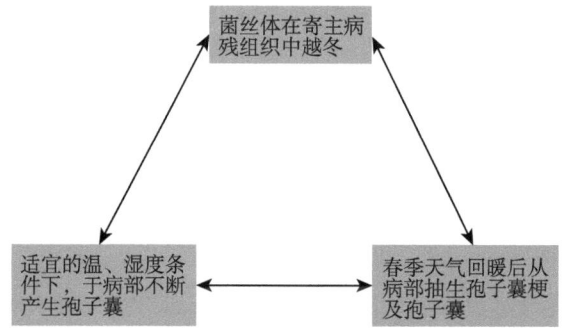

图3-5　霜霉病病害循环

3. 发生特点（表3-1）

表3-1　霜霉病发生特点

项目	特点
越冬场所	菌丝体在寄主病残组织中越冬
传播途径	气流传播
发病条件	适宜的温、湿度
发病原因	长期连作

4. 防治措施

板蓝根霜霉病的防治包括物理防治和化学防治。前者在入冬前清除田间的病株残体，减少越冬的病菌，在平时的管理中要注意排水和通风透光，避免板蓝根与十字花科等易感染霜霉病的植物进行轮作，合理调整种植密度，并适当调整播种时间，适量浇水。后者则是在发病初期，喷洒58%代森锰锌800倍液、70%百菌清800倍液以及28%甲霜灵600倍液等，间隔10天左右再喷洒1次。在病发的高峰期喷洒波尔多液200~300倍液。

（二）板蓝根菌核病

板蓝根菌核病主要为害根、茎、叶和荚等部位，以茎部受害最重。发病初期，基部叶片首先发病，病斑处呈水渍状，后为青褐色，最后叶片腐烂，仅剩叶脉（图3-6）。在多雨高湿时，受害茎秆内布满白色菌丝，皮层软腐，茎秆碎裂成乱麻状。在茎秆表面或叶上可见黑色鼠粪状菌核。茎叶受害后，枝叶萎蔫，逐渐枯死。

1. 病原

板蓝根菌核病病原菌为 *Sclerotinia sclerotiorum* (Lib.) de Bary，属子囊菌亚门，盘菌纲，核盘菌科，核盘菌属。

2. 病害循环

菌核病病害循环分为4个主要过程：菌核遗落在土壤或混杂在种子间越冬、再次侵染、翌年的初次侵染源、生长期间子囊孢子借风雨飞散。具体如图3-7所示。

图 3-6　板蓝根菌核病发病中期

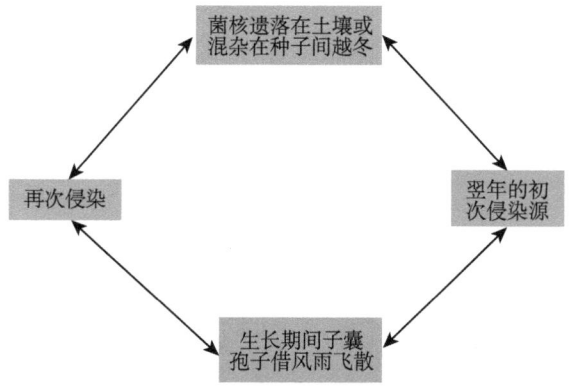

图 3-7　菌核病病害循环

3. 发生特点（表 3-2）

表 3-2　菌核病发生特点

项目	特点
越冬场所	菌核遗落在土壤中或混杂在种子间越冬
传播途径	借风雨飞散
发病条件	温度
发病原因	偏施氮肥、排水不良、管理粗放、雨后积水

4. 防治措施

板蓝根菌核病的防治包括物理防治和化学防治。前者播种时实行轮作，减少病菌传播；天气干旱时注意及时浇灌，以早晨或傍晚进行为宜。后者在发病初期用50%甲基硫菌灵800倍液或65%代森锌600倍液喷洒茎叶，每隔5天喷1次，连喷3~4次。

(三) **板蓝根根肿病**

板蓝根根肿病主要表现为根最初略比正常根粗，白色或乳白色，后渐增大呈小颗粒状隆起至近球形，隆起部分继续增大，呈明显瘤状体。主根上的瘤多靠近中部，球形或近球形，表面凸凹不平，粗糙，后期表皮开裂或不开裂，瘤体直径最大可达2 cm；侧根上的瘤多呈圆筒形、手指状。植株叶色褪绿、变淡，早晚正常，中午叶片萎蔫、下垂，后植株下部叶片变黄、枯萎，病株较健株矮小，最后全株枯死，下部结瘤根变黑腐烂，散发出臭气致整株死亡。板蓝根根肿病的病原菌目前已经报道为芸薹根肿菌 (*Plasmodiophora brassicae*)，可以侵染十字花科的100多种和变种的作物与杂草（图3-8）。

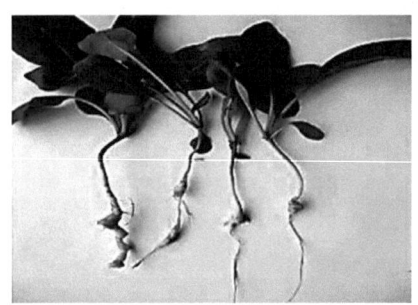

图3-8 板蓝根根肿病症状

(四) **板蓝根根腐病**

板蓝根根腐病发病初期被害植株的根部有黑褐色斑点，随时间推移，主根变成黑褐色、乱麻状的木质化纤维壳，内部完全腐烂，并伴有刺鼻臭味，同时病菌逐步扩散，病势向上蔓延。地上植株长势逐渐衰弱，叶色由浓绿变淡绿，进而枯黄，逐渐脱落，最后整个植株死亡（图3-9）。

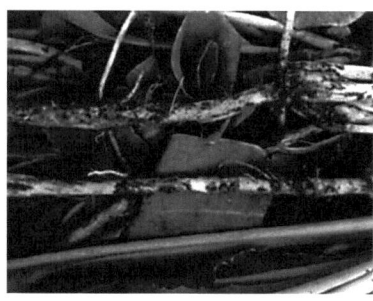

图 3-9 板蓝根根腐病根部症状

1. 病原

板蓝根根腐病的病原菌为 *Fusarium solani*，属于半知菌亚门，丝孢纲，瘤座菌目，镰孢菌属真菌。该菌分生孢子梗及分生孢子无色或浅色。产生 2 种类型的分生孢子，小型孢子为圆形、单胞；大型孢子为镰刀形、多胞。分生孢子梗伸长、不分枝。病菌产生大小两种类型分生孢子：大型分生孢子香肠形，短而胖，两端较钝，顶胞稍弯曲，具隔膜 2~6 个，多数为 3 个；小型分生孢子长椭圆形、肾形，单胞或双胞，数量大，呈假头状聚生。厚垣孢子球形，表面光滑或粗糙，顶生或间生于菌丝中。

2. 病害循环

板蓝根根腐病的病害循环分为 5 个主要过程：根部发病，经导管进入植株，借助风雨、地下害虫、农事操作等传播，通过虫伤、机械伤等伤口侵入，在种苗、土壤和病残体中越冬。具体如图 3-10 所示。

3. 发生特点（表 3-3）

表 3-3 根腐病发生特点

项目	特点
越冬场所	病菌以菌丝体在种苗、土壤和病残体中越冬，成为翌年病害的初侵染源
传播途径	土壤带菌为重要侵染来源
发病条件	土壤湿度大，排水不良，气温在 20~25℃时，有利发病，高坡地发病轻
发病原因	土壤淹水、黏重或施用未腐熟的有机肥造成根系发育不良及由线虫和地下害虫为害，造成根系伤口，可促使病害感染，引起发病

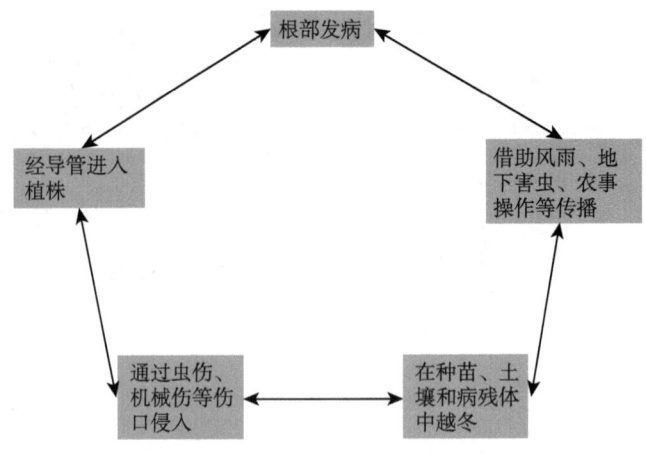

图 3-10 根腐病病害循环

4. 防治措施

板蓝根根腐病的防治包括物理防治和化学防治。前者选择排水性较好的砂壤土。合理密植，避免重茬。据调查发现，种植密度与发病率成反比，重茬种植发病率高达 30%。合理均衡施肥，避免偏施氮肥，适当增加磷、钾肥含量，增强植株抵抗力。后者种植时，施用 40% 多菌灵可湿性粉剂 15 kg/hm² +3% 辛硫磷颗粒剂 75 kg/hm² 进行土壤消毒灭菌处理。发病初期采用 75% 百菌清（四氯间苯二甲腈）可湿性粉剂 600 倍液或 70% 敌磺钠（对二甲基氨基苯重氮磺酸钠）1 000 倍液进行喷药防治；发病后期采用 70% 甲基硫菌灵可湿性粉剂 1 000 倍液进行灌根，并及时拔出病根，防止病害扩散。

(五) **板蓝根黑斑病**

板蓝根黑斑病主要表现为在叶上产生圆形或近圆形病斑，褐色至黑褐色，病斑常具轮纹，周围有渐退的绿晕圈，病斑较大，其直径一般为 3~10 mm。病斑正面有黑褐色霉状物，即病原菌分生孢子。后期病叶枯萎脱落（图 3-11）。

1. 病原

板蓝根黑斑病病原菌为 *Alternaria* sp.，属半知菌亚门，丝孢纲，丛梗孢

图 3-11　板蓝根黑斑病叶片症状

目，黑色菌科，交链孢属。分生孢子长圆形或棒形，有纵横隔膜，串珠形，暗色，孢子梗垂直，较短。

2. 病害循环

板蓝根黑斑病的病害循环分为 3 个主要过程：叶片发病、以菌丝和分生孢子在病残体上越冬、分生孢子借风雨传播。具体如图 3-12 所示。

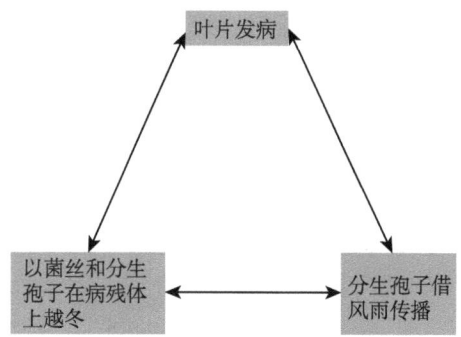

图 3-12　黑斑病病害循环

3. 发生特点（表 3-4）

表 3-4　黑斑病发生特点

项目	特点
越冬场所	病菌以菌丝和分生孢子在病残体上越冬，成为翌年病害的初侵染来源
传播途径	分生孢子借风雨传播，可发生多次再侵染
发病条件	在高湿条件下发病最盛；高温多雨年份易流行
发病原因	多雨、多露、缺肥、老弱组织易发病

4. 防治措施

板蓝根黑斑病的防治包括物理防治和化学防治。前者合理轮作，清洁田园，消灭越冬菌源；加强田间管理，增施磷肥、钾肥，提高抗病力。药剂防治发病初期喷洒波尔多液（1∶1∶100）、50%异菌脲可湿性粉剂800倍液或50%代森锰锌可湿性粉剂600倍液。每隔10~15天喷1次，每亩用量75 kg，连续2~3次。

（六）**板蓝根灰斑病**

板蓝根灰斑病主要为害板蓝根的叶面，发病叶面产生小圆形的病斑，直径2~6 mm，略凹陷，病斑的边缘呈褐色，后期病斑会变薄发脆，穿孔或龟裂，叶面上有褐色的霉状物，为病原菌的实体。一般是老叶先发病，然后自下向上蔓延，随着病情的发展，病斑会愈合，造成叶片掉落。每年的7—8月，且温度在23~25℃时为发病的高峰期（图3-13）。

图3-13 板蓝根灰斑病病株

1. 病原

板蓝根灰斑病病原菌为板蓝根尾孢（*Cercosupors* sp.），属半知菌亚门，丝孢纲，丛梗孢目，黑色菌科，尾孢属。孢子线状或蠕虫状，具有2~7个横隔膜，孢子梗垂直、暗色，孢子暗色或无色。

2. 病害循环

板蓝根灰斑病的病害循环分为5个主要过程：叶面带菌、致使叶面受损、直接附着于叶面、随病残组织越冬、风吹雨水飞溅。具体如图3-14所示。

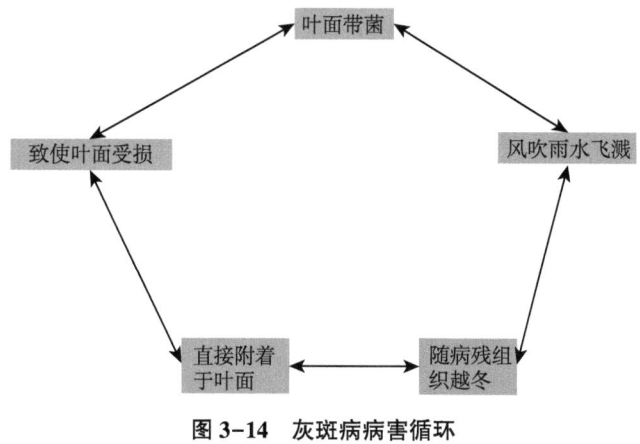

图3-14 灰斑病病害循环

3. 发生特点（表3-5）

表3-5 灰斑病发生特点

项目	特点
越冬场所	病原菌随病残组织越冬
传播途径	成为翌年的初次侵染源，种子亦可带菌
发病条件	6月上旬开始发病，6月下旬至9月上旬为盛期。日平均温度在23～25℃时有利于发病，蔓延迅速
发病原因	由灰斑病菌感染种子、土壤、肥料等引起的真菌病害

4. 防治措施

板蓝根灰斑病的防治包括物理防治和化学防治。前者合理选择种植地点，避免高湿、高温的环境，增加通风透光。加强田间管理，保持板蓝根田间通风透光，及时除去病叶和病枝。控制病原菌的传播途径，避免水土传播以及器具、种子的传播。种植板蓝根的密度适中，避免过密造成透风不良。后者可以采用合适的杀菌剂进行喷洒，如多菌灵、三唑酮等，可根据实际情况选择合适的杀菌剂和使用方法。根据病害的严重程度和发展趋势，选择合适的防治时机，注意药剂的使用量和频次，避免药害和药害菌株的产生。在选择化学防治时，要注意掌握好药剂的使用方法和注意事项，保护好生态环境和农产品质量。同时建议根据具体情况选择合适的防治方法，综合使用农业防治和化学防治，以达到更好的防治效果。

（七）板蓝根白锈病

板蓝根白锈病是由真菌中的一种藻状菌引起的板蓝根叶、茎、花部的病害。发病初期，叶面出现黄绿色小斑点；叶背出现隆起有光泽的白色脓疮状斑点。病斑直径 2~3 mm，脓疮破裂后散出白色粉末状物，即病原菌孢子囊。脓疮斑在叶背零星分布，患病的叶片呈畸形状，最后叶片枯死。6—7月为发病的高峰期。氮肥过多，植株柔嫩，雨水多，湿度大及时冷时暖时发病严重（图3-15）。

图 3-15　板蓝根白锈病病株

1. 病原

板蓝根白锈病病原菌为白锈菌（*Albugo canbida*），属鞭毛莱茵亚门，卵菌纲，霜霉菌目，白锈菌科，白锈菌属。孢囊梗棍棒状，无色，单胞。顶端自上而下依次形成孢子囊，贯连成串，相互连接处有细小颈部。孢子囊近球形，无色，单胞。

2. 病害循环

板蓝根白锈病的病害循环分为5个主要过程：叶面带菌、孢子囊随气流分散再次侵染、直接附着于叶面、土壤内病残组织越冬、随气流传播。具体如图3-16所示。

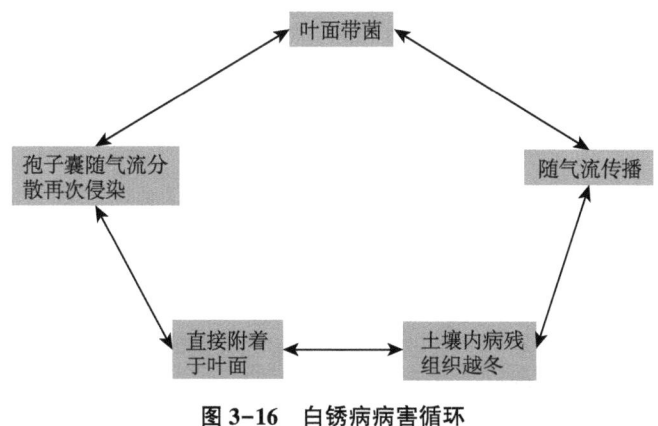

图 3-16　白锈病病害循环

3. 发生特点（表 3-6）

表 3-6　白锈病发生特点

项目	特点
越冬场所	存在于土壤内病残组织上的卵孢子越冬
传播途径	借助气流传播
发病条件	低温高湿有利于发病，4月中旬至5月发生，为害时间较短
发病原因	生长期病部长出的孢子囊随气流分散，再次侵染

4. 防治措施

　　板蓝根白锈病的防治包括农业防治、物理防治和化学防治。农业防治中选择抗病性强的板蓝根品种进行种植。合理施肥，保持板蓝根的生长健康，增强其抗病能力。控制病原菌传播途径，减少病害的传播风险。物理防治中及时清除田间杂草和病残体，减少病原菌的传播。保持良好的通风透光条件，避免板蓝根生长过密、湿度过高。化学防治中可以使用合适的杀菌剂进行喷洒，如多菌灵、敌草快等，按照推荐剂量和频次进行防治。注意轮换使用杀菌剂，避免病原菌对药剂产生抗药性。在发病初期或预防期间，进行药剂防治可以有效控制病害的发生。综合运用物理防治、化学防治和农业防治手段，可以有效地减少板蓝根白锈病的发生和传播，提高产量和品质。在实施防治措施时，建议结合当地的气象条件和病情发展情况，选择合适的防治时机和方法，以取得最佳的防治效果。

二、板蓝根虫害

（一）板蓝根斑潜蝇

板蓝根斑潜蝇是板蓝根种植中一种常见的虫害，斑潜蝇一年内可繁衍多代，成虫、幼虫均可为害。雌成虫飞翔时会把植物叶片刺伤，进行取食和产卵，幼虫潜入叶片和叶柄为害，产生不规则蛇形白色虫道，叶片的叶绿素受到破坏，影响植株光合作用，受害植株叶片脱落，造成花芽、果实被灼伤，严重的造成毁苗（图3-17至图3-20）。

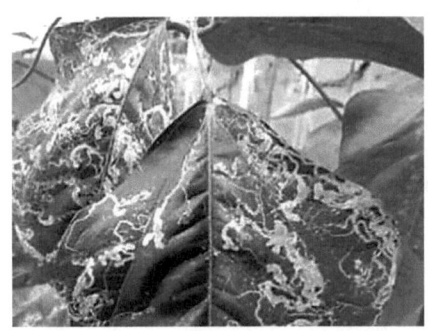

图3-17 感染斑潜蝇幼虫的叶片

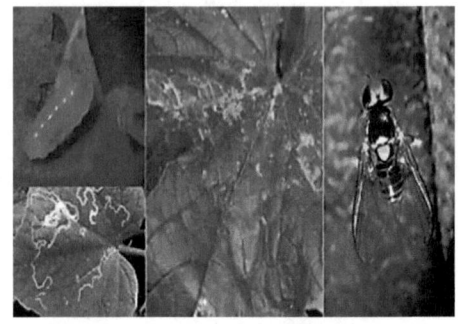

图3-18 斑潜蝇幼虫和成虫附着叶片

图3-19 斑潜蝇幼虫和成虫

图3-20 斑潜蝇幼虫、成虫和成蛹

1. 形态特征

板蓝根斑潜蝇，又称鬼画符，属于双翅目潜蝇科害虫。成虫小，体长1.3~2.3 mm，翅长1.3~2.3 mm，体淡灰黑色，足淡黄褐色，复眼酱红色。卵椭圆形，乳白色，大小为（0.2~0.3）mm×（0.1~0.15）mm。幼虫蛆形，老熟幼虫体长约3 mm。幼虫有3龄：1龄较透明，近乎无色；2~3龄为鲜黄或浅橙黄色，腹末端有一对圆锥形的后气门。蛹为围蛹，椭圆形，腹面稍扁平，大小为（1.7~2.3）mm×（0.5~0.75）mm，橙黄色至金黄色（图3-21）。

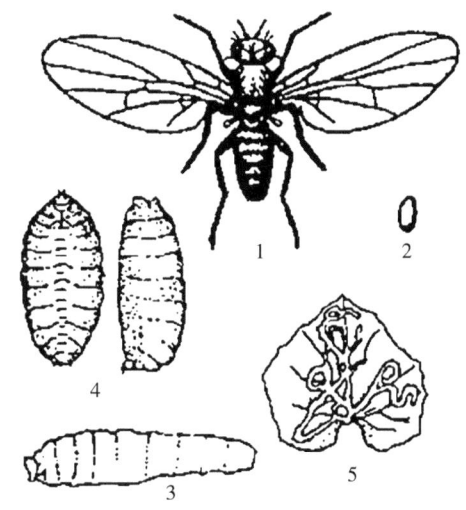

1. 成虫；2. 幼虫；3. 蛹化；
4. 蛹羽化；5. 幼虫感染叶片

图3-21 美洲斑潜蝇

2. 生活习性

板蓝根斑潜蝇生活习性如图3-22所示。

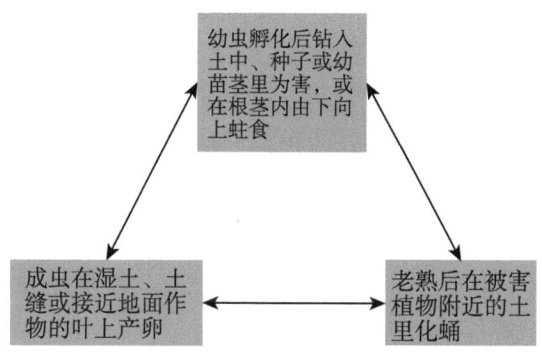

图3-22 斑潜蝇生活习性

3. 发生特点（表3-7）

表 3-7　斑潜蝇发生特点

项目	特点
越冬场所	南方无越冬现象，北方温室越冬
传播途径	通过病土、病苗和浇水传播
发病条件	相对较高的温度，更好的土壤水肥条件
发病原因	连作或连片种植

4. 防治措施

板蓝根斑潜蝇的防治方式有农业防治、物理防治、生物防治、化学防治四种方式。

（1）农业防治。合理布局：斑潜蝇在菘蓝田发生为害程度与周边植被环境有很大关系，豆科植物、十字花科植物分布面积大，虫源基数多，菘蓝田发生就重。应避免和豆科、十字花科植物连作、邻作，以减轻对板蓝根的为害；清洁田园；由于斑潜蝇的卵、幼虫和蛹均在寄主叶片内度过，在生长季和收获后，及时清除田间残株老叶，铲除杂草，集中处理，可消灭大量残虫。

（2）物理防治。加强检疫，防止害虫随蔬菜产品和菜苗调运扩大蔓延。该虫喜欢黄色，采用黄板诱杀效果非常好，注意黄板设置高度应与幼苗高度一致，或高出10 cm。且黄板应该每隔10~15天重新刷一次机油；在害虫发生高峰期，及时摘除带虫的叶片，并进行焚烧处理；在蔬菜收获后，及时焚烧枯枝落叶，土壤要深翻到20 cm以下，来降低蛹的羽化率。

（3）生物防治。有机农场或有条件的可以利用寄生蜂来进行防治。寄生蜂作为斑潜蝇幼虫的天敌，在不用药的情况下，寄生率可以达到50%以上。寄生率较好的寄生蜂有姬小蜂、潜蝇茧蜂。

（4）化学防治。于幼虫初害期（始见幼虫潜蛀的隧道）上午8时至11时，用10%氯氰菊酯2 000倍液防治。每隔7~10天使用1次，连续2~3次。

（二）板蓝根灰地种蝇

板蓝根灰地种蝇又称地蛆，以幼虫在地下为害菘蓝根部，蛀食地下组织，引起根茎腐烂或全株枯死。种蝇最适繁殖温度为 25~35℃，超过 35℃ 时，70% 的虫卵不能孵化，故夏季气温较高时种蝇较少。灰地种蝇在土中为害播下的蔬菜种子，取食胚乳或子叶，引起种芽畸形、腐烂而不能出苗。在留种菜株上为害根部，引起根茎腐烂或枯死（图 3-23 至图 3-26）。

图 3-23 灰地种蝇幼虫地下为害

图 3-24 灰地种蝇为害根茎

图 3-25 灰地种蝇为害植株

图 3-26 灰地种蝇成虫

1. 病原

板蓝根灰地种蝇别名地蛆、种蛆、菜蛆、根蛆，是双翅目花蝇科昆虫，体长 4~6 mm，灰色或灰黄色。卵长约 1.6 mm，长椭圆形，乳白色。幼虫长 8~10 mm，乳白略带淡黄色，头部极小，口钩黑色，腹部末端有 7 对肉质突起，第 1、第 2 对位置等高，第 5、第 6 对等长，第 7 对很小。蛹长 4~5 mm，宽 1.6 mm，圆筒形，黄褐色（图 3-27）。寄主植物有十字花科、禾本科、葫芦科等，为害特点是：幼虫在土中为害种子，取食胚乳或子叶，引起种芽畸形、腐烂而不能出苗；为害幼苗根茎部，造成萎凋和倒伏枯死，并传播软腐病；为害留种株根部，引起根茎腐烂或枯死。

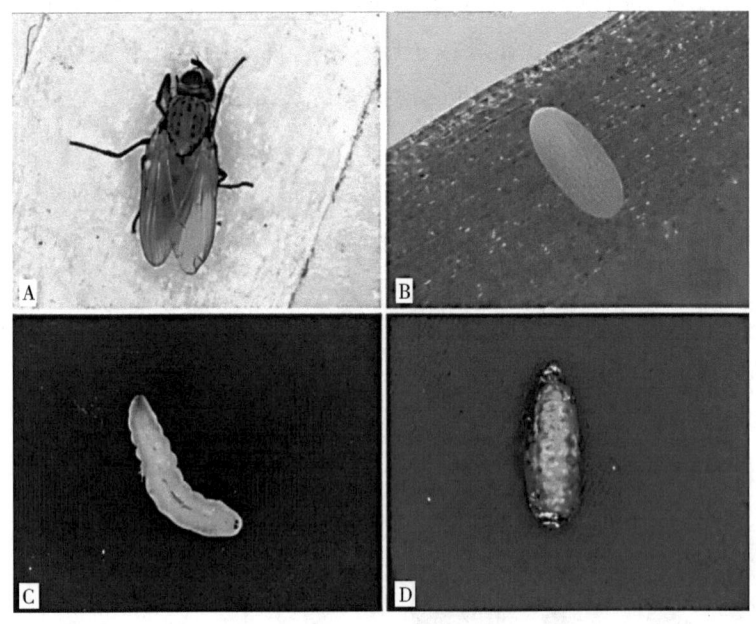

A. 成虫；B. 卵；C. 幼虫；D. 蛹

图 3-27　灰地种蝇的不同虫态

2. 生活习性

板蓝根灰地种蝇生活习性如图 3-28 所示。

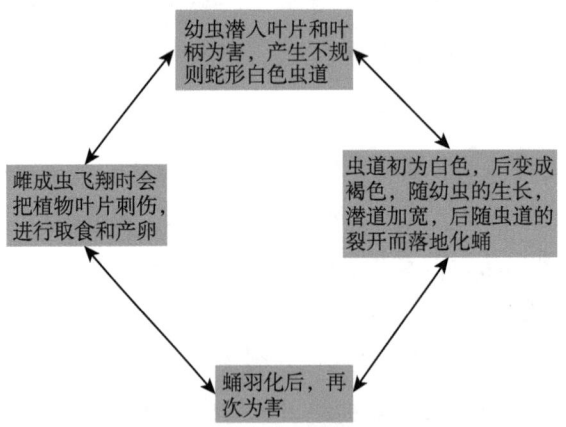

图 3-28　灰地种蝇生活习性

3. 发生特点（表3-8）

表3-8　灰地种蝇发生特点

项目	特点
越冬场所	蛹在土中越冬
传播途径	通过病土、病苗传播
发病条件	田间湿度大
发病原因	长期连作

4. 防治措施

板蓝根灰地种蝇的防治方式有农业防治、物理防治、化学防治3种方式。

（1）农业防治。合理密植、轮作，清理田地，集中收集处理病株，可有效减少虫害；建立排水沟渠，避免雨季降水过多而导致田间湿度增大、虫害率升高；不使用生粪作肥料；深施肥料，种子与肥料要隔开，可在粪肥上覆一层毒土；在地蛆已发生的地块，要勤灌溉，必要时可大水漫灌，能阻止种蝇产卵，抑制地蛆活动及淹死部分幼虫。

（2）物理防治。利用太阳能灭虫灯、诱虫剂和粘蝇贴等杀灭成虫；糖醋液诱杀。诱剂的配方是1份糖、1份醋、2.5份水，加少量敌百虫拌匀，在大碗或小盆中放入少许锯末，然后倒入适量诱剂，加盖。每天在成虫活动时间开盖，当盆内诱蝇数量突增或雌雄比接近1∶1时，即为成虫发生盛期，应立即用药剂防治。

（3）化学防治。在成虫为害期，采用5%杀虫畏（甲基杀螟威）粉剂或70%灭蝇胺可湿性粉剂2 000倍液进行防治，每隔7天防治1次，连续防治2~3次；在幼虫为害期，采用40%辛硫磷乳油800倍液或70%灭蝇胺可湿性粉剂3 000倍液进行灌根处理，若情况严重需及时拔除病根，防止虫害扩散。

第五节 板蓝根水肥高效利用关键技术

一、水肥高效利用技术的发展

中国自古以来就是一个农业大国，农业的进步不仅对推动本国国民经济的发展具有深远意义，同时对世界经济的发展具有重要影响。水肥管理作为农业生产中的一个重要部分，其高效利用技术的发展对农业的发展有着重大意义。我国是一个水资源短缺的国家，全国单位面积耕地平均占有水量是世界平均值的1/2；人均占有水资源量仅占世界人均占有量的1/4，且随着工业化和城镇化的不断发展，工业需水和城市生活需水量也在不断增加，农业可用水量将会逐年减少。在用肥方面，2011年我国化肥用量超过5 700万t，占全球1/3以上，大大增加了资源环境压力。从大水大肥的粗放型向精细调控的集约型转变，对水肥资源进行高效利用与科学管理，是现代农业发展的必然趋势。

目前水肥高效利用主要基于水肥一体化技术。水肥一体化技术通过低压管道将水肥混合物直接输送至植物根部，水与肥之间相互影响，相互制约。我国的水肥一体化技术起步于20世纪70年代，通过引进国外先进设备，在国内进行了大量的试验研究，取得了很大的进展，如新疆地区的棉花膜下滴灌施肥技术已经处于世界领先水平，微灌和喷灌设备在我国已开始大面积推广使用。2010年，我国水肥一体化技术应用面积约为2 300万亩，到2015年底，全国推广面积突破8 000万亩。利用设备对水肥过程进行统一管理，提高水肥利用效率，节水节肥效果明显。随着农业环境工程技术的突破，农业工具、设施、种植模式越来越丰富，技术含量越来越高，水肥一体化技术在农业中的应用也越来越广泛，并向自动化、信息化、智能化的方向发展。

二、水肥高效利用在板蓝根种植中的应用

板蓝根为深根性植物，喜温和湿润气候，抗寒能力强，霜后仍可生长，怕涝，水浸后根部极易腐烂。其主根可深达 33~50 cm 厚的土层，收获的产品器官为营养生长期形成的叶与根，所以板蓝根种植最好选择土质疏松、排水良好的地块，可见水肥管理对板蓝根的生长极为重要。

为提高板蓝根产量，在生产过程中，田间管理上通过"大肥大水"的投入来实现，这样不合理灌水施肥不仅造成水肥资源的浪费，而且容易导致土壤产生盐渍化和板结，使其产量和品质下降、发病率高。目前实现水肥的高效利用主要利用水肥一体化技术对板蓝根进行田间管理。5—6月追施氮肥；7—8月追施高钾复合肥。播种后苗前灌水 1 次，生长期间视土壤墒情适时灌水，雨季及时排水防涝，从而实现板蓝根优质高产。

三、板蓝根水肥高效利用关键技术要点

实现水肥高效利用，要进行水肥量化管理。根据板蓝根在河西走廊荒漠化区域的成功种植经验，使用"大水大肥"的粗放管理方式，不仅造成水肥资源浪费，还使得土壤盐渍化程度加重，板蓝根产量降低。而采用膜下滴灌技术长期保持土壤水分在田间持水量的 75%~90%。肥料则保持水平为 225 kg/hm² N+525 kg/hm² P_2O_5+150 kg/hm² K，氮、磷和钾分别由尿素、磷酸二铵和硫酸钾提供，其中磷酸二铵在作畦时作基肥一次性施入，氮肥和钾肥 25% 作基肥与磷酸二铵混合后施入，75% 氮肥和钾肥作追肥在板蓝根营养生长的初期、中期和末期分 3 次等量结合滴灌浇水施入。进行水肥量化控制，使得板蓝根产量和质量得以稳定提升。

实现水肥高效利用，要关注水肥耦合比例。在板蓝根品种"安徽亳州种"种植中，以不同水肥耦合对板蓝根进行处理，结果表明不同的水肥耦合板蓝根产量间具有显著的差异。采用田间持水量为 75%~90%、肥料水平为 N 225 kg/hm²+P_2O_5 525 kg/hm²+K 150 kg/hm² 时的水肥组合处理，板蓝根的株高、最大叶长、最大叶宽、主根根长、根直径、叶片数等形态指标

都显著高于其他处理,同时板蓝根在营养生长的前期、中期、后期,植株的净光合速率、气孔导度、胞间 CO_2 浓度及蒸腾速率也最大,植株保持较强的生理代谢活动,此时产量最高可达 209.05 kg/hm^2。可见不同水肥耦合比例对板蓝根种植有着重要影响。

实现水肥高效利用,需要因时制宜,结合菘蓝生长期进行。菘蓝生长前期,约 2 个月时间,一般不需要额外的水肥,前期蹲苗有助于其根系下扎。第一次水肥管理为菘蓝生长前中期,该时期以长叶为主,需要氮肥多,宜追施尿素。第二次水肥管理为菘蓝生长中期,以根生长为主,叶生长为辅,需要氮肥和钾肥,结合滴灌,继续施尿素并加入硫酸钾。第三次水肥管理为菘蓝生长中后期,该时期以根生长为主,需补充钾肥,结合滴灌,施农用硫酸钾。其余时间根据土壤墒情合理安排排灌水,此次水肥管理后停止水肥管理。根据生长需求,既能满足板蓝根生长的基本营养,又高效集约,降低了人力和物力的浪费。

第六节 采收与产地加工技术

一、菘蓝采收关键技术与装备

(一) 菘蓝机械化采收技术研究及应用现状

菘蓝地上部分的茎叶为"板蓝根叶",其烘干后称为"大青叶",地下根茎部分称为"板蓝根"。目前的菘蓝采收尚未达到完全的机械化,大部分是由机械辅助加人工配合的模式完成采收。

菘蓝的采收方式可分为分段采收和整株采收,即先采收板蓝根叶后采收板蓝根和将菘蓝整株挖出的生产模式。分段采收时先用拖拉机悬挂旋转割刀贴地切断板蓝根叶并放置于田间,板蓝根叶在田间完成自然晾晒,完成晾晒后由人工用耙子搂出板蓝根叶,装车拉运至加工场地进行二次晾晒或烘干。田间板蓝根叶收集完毕后,采用根茎类作物收获机深入地表 300~400 mm 土壤将板蓝根挖出,再由人工捡拾收集,运送至加工场。这种收获方法需要耗费人工进行协同作业，同时作业次数增加，导致作业效率较低。整株采收则是直接用根茎类作物收获机将菘蓝整体挖出，经由人工捡拾收集运送至加工场，随后以人工或机器将板蓝根叶与板蓝根切分，进入后续加工。相比于分段采收，该收获方法只需人工在田间进行一次作业，但增加了后续场地根叶分离环节，同样也比较耗费人工。

由于目前板蓝根叶的采收缺乏专用机械，收获中需人工辅助，而板蓝根叶的销售利润和人工成本差异不显著，产出效益过低；种植户基于核算结果直接将板蓝根叶用机器旋切粉碎还田，该方式致使板蓝根叶被浪费，未能发挥其价值。在板蓝根采收方面，目前已研制出板蓝根挖掘输送一体机并小批量使用，该机具可以在挖掘的同时将板蓝根输送至旁边的运输车斗上，相较人工捡拾效率得到了很大的提升，但这种设备比较适合砂壤土，在土壤黏性较大的田块应用效果不佳。部分种植区菘蓝采用铺膜种植，这对于后期的采收作业也带来了一定的影响，残膜与采收的药材缠绕在一起，增加了后续的加工时间和人工成本。

综上所述，无论是针对菘蓝的分段采收还是整株采收，都需要根据种植条件和环境来匹配机具和人工，在采挖、收集、运输环节采用专用机械进行生产才能保证其具备较高的作业效率和较低的成本。菘蓝收获季伴随着其他作物的集中收获，该时段劳动力紧缺且用工费用高，高昂的采收用工费用影响了菘蓝种植户的积极性，制约了菘蓝产业的发展。

（二）板蓝根采收装备研究情况

由于板蓝根属于深根茎类作物，虽然农户在种植板蓝根时大多选用沙土地块，该方式有利于根茎的生长和收获时的根土分离，但板蓝根根部轮廓高度在土壤中主要分布于地表下 $0 \sim 300$ mm 的范围，其主根粗壮发达且侧根生长茂盛，整体不规则，根系中的土壤量较大，根茎脆性显著，受力易发生断裂，在收获时挖掘部件需要达到较深的挖掘深度将板蓝根与土壤一起铲起，基于该挖掘深度挖出土壤量较多，挖掘过程中阻力较大，挖掘过程功耗高，因此要求挖掘部件强度高。目前应用于板蓝根采收的挖掘装置大多由其他根茎类作物或者薯类作物收获机改进而来，与板蓝根收获农艺要求匹配程度较低，存在根茎损失率较高和前进阻力大的特点。尤其是对于大面积种植板蓝根的农户来说,设备适应性差,机具检修及人工成本过高,增大了收获难度。

板蓝根挖掘采收装备主要由挖掘机构、分离机构和输送分离机构等组成。挖掘机构的设计决定了设备的挖掘阻力和挖掘深度,从而影响生产效率和板蓝根完整性,输送机构与分离机构的设计决定了设备的传输稳定性和根土间分离效果,从而影响后续板蓝根的收集效率。因此目前板蓝根挖掘采收装备的研究多集中于挖掘机构、输送机构和分离机构的相关内容。

1. 挖掘机构

挖掘机构依据挖掘铲运动形式分为固定式、驱动式和组合式等。固定式挖掘机构与机架部件组成刚性连接,一般主要由挖掘铲和铲架构成;驱动式挖掘机构工作时其传动结构比较复杂,挖掘铲在强制驱动下做往复运动和旋转运动等;组合式挖掘机构包含两种或两种以上不同类型的挖掘部件,需多部件组合完成复杂的挖掘工作。因此,固定式挖掘机构结构简单、制造及维修容易、可靠性较高,同时也存在挖掘深度不足、入土阻力大、功耗高以及碎土效果差等问题。深根茎类中药材收获机主要采用强迫振动式挖掘机构,通过挖掘机构组合动作可有效减小挖掘阻力,具有良好的碎土分离效果。组合式挖掘机构适用于深根茎类中药材收获,能够适应多种挖掘环境,但其结构复杂、制造困难,基于部件应用特点具备较强的集成性,未来可用在自走式联合收获机上。

2. 分离机构

板蓝根分离机构可采用升运链式分离机构、分离筛式分离机构以及滚筒筛式分离机构。升运链式分离机构也称为杆条式升运器,主要由杆条、链条和振动器等组成,依据链条结构型式,可分为链杆式、钩杆式以及带杆式等。升运链输送机构在保留较大输送量的同时具有很强的分离性,多用于块茎类作物收获机械上,输送链杆需使用强度高和耐磨性强的金属制成,结构复杂、制造成本高,使用过程中因频繁与土壤颗粒、振动器接触,致使零件磨损速度快,过载后零件易受损,从而造成机器故障。分离筛式分离机构主要由分离筛和驱动机构组成,分离筛为做往复运动的平面栅条式分离筛,可分为振动式和摆动式。振动筛按其振动器的结构特点,可分为惯性式、冲击式、电磁式和偏心轮式等。偏心轮式振动筛结构简单、性能稳定，但无法将筛面物料向振动筛尾部输送，所以经常被作为辅助式清选装置使用。摆动式分离筛不仅能筛分掘出的混合物，而且能把筛面上的混合物向分离筛尾部输送，对于长根茎和短根茎类作物收获机均适用，摆动式分离筛的使用范围较为广泛；其具有受载荷大、碎土性能较强、挖掘和分离功能兼用等优点，但存在惯性力平衡不足的缺陷，易对机架产生冲击力，缩短机器使用寿命。滚筒筛作为根茎类作物收获机的分离装置，具有故障率低、使用寿命长、能量消耗低以及受力均匀的优点，但其结构复杂、加工制造困难、分离效果受筛筒长度与工作参数影响较大，且部件加工金属用量大，筛孔易堵塞，适用于短根茎作物及含水率较低的筛分作业。

3. 输送机构

输送机构主要作用是输送转移物料，可附带分离和分级功能，在薯类、花生等联合收获机应用较多，且技术较成熟，根据输送级数可分为一级输送、二级输送和多级输送，根茎类中药材的输送机构参考薯类输送机构改进或直接引用，主要有网带输送式、刮板输送式、辊筒输送式等。

目前为止，国外针对深根茎药材的挖掘机械较少，但是国外很早就开始了对根茎类农作物收获机械的研究，该类型的采收机械自动化水平较高、发展迅速。典型的有马铃薯收获机械、胡萝卜收获机械和花生收获机械。该类型的采收机械极大提升了根茎类作物的采收效率，但在根茎长度超过 300 mm 的板蓝根收获作业中应用效果不佳，且整机造价较高，维护难度大，不适合我国国情。

国内也有相关研究人员针对根茎类作物的采收机械进行研究。范开欣等研制了一款甘草收获机，为了提高挖掘装置的挖掘深度、减小侧面入土阻力，在其两侧的入土部位设计成较锋利的尖刃，底部为固定三角平面挖掘铲，次结构为固定式挖掘铲，其具有结构简单、挖掘阻力相对较小的特点。张泽璞对比分析了不同类型挖掘铲的优缺点，基于板蓝根收获农艺要求设计了一种尾部带栅条的"V"形平面挖掘铲，该挖掘铲在一定程度上降低了挖掘阻力，提高了碎土能力，但其作业后留下了一条深土槽，且对根茎损失较大。张丹等针对三七农艺要求，设计了一种新型组合式挖掘铲，为了减轻挖掘铲在作业过程中的壅土现象，在三角平面铲的前端增加土壤破碎铲，增大对土壤的破碎程度，但是该铲结构较为复杂，适应性与可靠性还需要进一步验证。

综上所述，国外针对马铃薯、胡萝卜、花生、山药等根茎作物的研究起步早、成果多，目前存在较多相关成型的机具，但是不适合板蓝根的收获，国内关于深根茎作物收获机具的研究尚处起步阶段。近年来，虽有部分学者对深根茎作物收获机具进行了研究，但是由于板蓝根的收获过程中挖掘深度大、土壤挖掘量多以及作物本身形状不规则等原因，以致收获过程中存在挖掘阻力大、根茎损失率高等缺点，影响板蓝根的收获效果。

（三）板蓝根采收发展趋势

目前全国各地的板蓝根种植模式各不相同，有平地种植、起垄种植、平地铺膜种植、起垄铺膜种植，因此需要结合不同的种植模式对板蓝根采收机械进行设计。

（1）研制可靠性好、阻力小、泥土分离效果好且适应性强的挖掘装置。针对现有主推的种植模式，结合现使用的耕作拖拉机参数，改造蔬菜采收机械，强化局部工作部件的针对性和功能性，基于菘蓝收获的特性和采收要求，对设备的结构进行改造提升，进一步丰富采收功能，提高自动化程度，尽量减少人工，提高收获效率。

（2）研制适应黏质土壤收获的板蓝根收获装备。部分地区的菘蓝种植环境为黏土，长势良好，解决收获时黏质土壤与板蓝根的分离问题，提高板蓝根收获机的适应性成为种植户对菘蓝采收的迫切需求。配套机具的推广应用对扩大其种植面积和提高种植广泛性具有一定促进作用，能够使更多农民在种植菘蓝上受益。

（3）可适时研发大型菘蓝联合采收设备。采收中一机多用，叶、根兼收，集板蓝根叶切割、输送风选、收集以及板蓝根挖掘、泥土分离、收集于一体，两侧的收集箱均采用大型定制牵引拖斗，拖斗内底部带有输送链，可便于货物卸出。拖斗底部侧面留有3~4个软连接口，拖斗装满后拖送至定点位置，将热风输送风机连接至软连接口，完成对物料的预烘干作业，无须将物料卸出摊晾在地面,晾晒后再进行收集,既节约了时间,又减少了对天气条件的依赖。

(4)研发高集成以及自动化菘蓝采收设备。随着传感器技术、通信技术的发展,自动化技术在农业机械上的应用是未来农业机械设计核心趋势,农业机械正向自动化、无人驾驶、自走式方向发展,菘蓝收获机也必然向该方向发展,可配备新能源动力设备,减少作业时对作物的污染,从而使采收作业真正做到自动化、绿色、经济、高效。

二、菘蓝机械化采收装备

(一)板蓝根叶采收装备

目前我国还没有板蓝根叶的专用收获机械,种植户根据自己的收获需求多采用类似悬挂割草机来完成对板蓝根叶的切割晾晒作业。而部分用户试验了用设施叶菜收割机来收获板蓝根叶。根据不同作业方式,以下展示了几种比较适合板蓝根叶收获的机械。

1. 旋转切刀收割机

后悬挂直刀切割机在安装位置上分为骑跨式和偏置式两种,在切割部件处又分为敞开式和半围挡式,部分机器采用全围挡式。敞开式切割机结构相对简单,造价较低,适用性强,在除草等切割作业中有广泛应用(图3-29)。

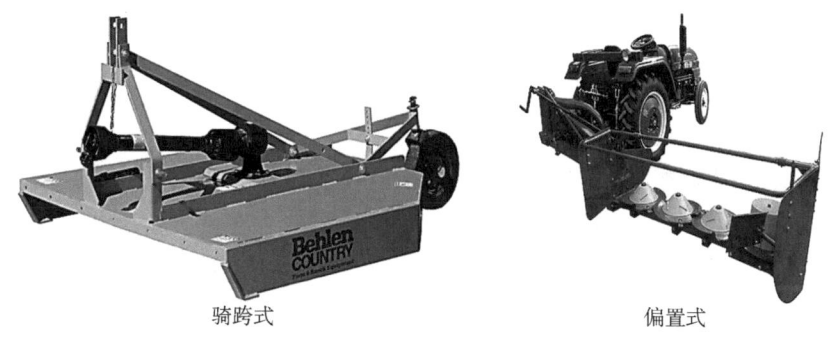

骑跨式　　　　　　　　　偏置式

图 3-29　旋转切刀收割机

全围挡式切割机结构整齐,但作业时其前端易将板蓝根叶压倒,造成不能准确对板蓝根叶与板蓝根连接处进行完整切割,易造成切割损失和浪费。半围挡式则将前端开放,使板蓝根叶直接进入切割部件,基于水平旋转切刀的切割方式会将板蓝根叶瞬间被离心力甩出,工作中板蓝根叶被挡在作业幅宽范围内,其工作成效优于敞开式切割机。另外,半封闭式将切刀罩住,在高速旋转工作时对周围人员也相对安全。

2. 手扶式和集成式收获机

手扶式收获机主要由切割装置、高度调节装置、拨轮、输送装置、动力装置、收集装置、站台、控制单元等组成(图3-30)。

图 3-30 手扶式收获机

手扶式收获机工作时需要由操作手辅助使机具骑跨在板蓝根上,两侧轮子在板蓝根两侧的行沟行驶,而后根据切割需求,将前部割台高度调整至合适高度进行切割,切割方式一般为往复式割刀或带锯。机器不断向前缓慢前进,切割后的作物被前方的作物推至传动带上,由传送带输送至后面接料容器中。对于稍微高些的作物,机具需增加拨禾轮,防止切割后的物料前倒而跌落机外。

集成式收获机与手扶式收获机的切割收获功能基本一致。不同之处是该设备带有驾驶室、顶棚、载物台及自动装箱装置。这不仅为驾驶员和收集操作员提供较好的操作环境,同时可以将收获的物料直接装箱,人工将箱子安置在载物台上,还可配合作业将箱子直接送到旁边同步行走的转运车上,到地头再进行卸载,提高了工作效率(图3-31)。

图 3-31　集成式收获机

(二) 板蓝根采收装备

目前国外没有针对板蓝根的采收装备，而国内应用的根茎类中药材的采收设备最早主要参考国外的马铃薯类根茎作物采收设备，根据板蓝根等根茎类作物的特性改造而成，可根据目前主要应用的板蓝根采收机的挖掘前铲的铲形、挖掘机构及输送机构进行分类。

1. 按挖掘机构分类

（1）固定铲式收获机。固定铲式收获机的前铲与机架连为一体，但根据其结构不同，还分为只有平面铲、带圆犁刀以及带侧翼铲的固定铲式收获机（图 3-32）。

图 3-32　固定铲式收获机

固定铲式收获机主要由牵引机架、前铲、栅条输送机构、减速箱、链传动机构等组成。其特点是设备结构相对简单，可靠性高，造价成本较低。平面铲式收获机入土阻力最大，而带圆犁刀以及带侧翼铲的收获机在入土作业时，其侧面圆犁刀或侧刃会对土壤进行切削，减少了入土阻力，适应比较松软的土壤种植环境或起垄种植模式的采收作业。挖掘铲工作时，由拖拉机在前方牵引行走，边行走边由后悬挂液压控制将前铲部分压入土壤，前铲深入板蓝根最下部深度，将其连同土壤一起翻出，而后物料到达栅条输送部分，沙土从栅条缝隙掉落，板蓝根则被输送至后方，落到地表，后由人工捡拾。

（2）振动铲式收获机。振动铲式收获机主要为锯齿形振动铲，该类型设备主要由摆杆、机架、偏心轮、减速器、带轮、牵引架、挖掘铲、挖掘铲支撑架组成（图3-33）。

锯齿形振动铲式收获机　　　锯齿形振动铲式（带侧刃）收获机

图3-33　振动铲式收获机

振动铲式收获机结构较为复杂，故障率和造价成本相对较高，前进阻力较小，适宜挖掘较硬土壤和扎根较深的作物。其工作原理是挖掘装置安装在整机的最前端，通过牵引架与拖拉机铰接，挖掘铲与挖掘铲支撑架刚性连接，摆杆分别与挖掘铲支撑架和机架铰接，在减速器输出轴上安装有皮带轮，并在皮带轮上安装偏心轮，偏心轮与挖掘铲支撑架铰接。当整机开始运动时，拖拉机动力输出轴输出的动力经减速器，带动皮带轮转动，皮带轮上的偏心轮随之转动，在偏心轮的带动下，挖掘铲做平面运动，随着拖拉机的前进，挖掘铲对土壤进行切割挖掘，在挖掘过程中大大减少了挖掘阻力。

2. 按分离机构分类

目前市面上主要的分离机构为滚筒式（图3-34）和栅条输送式（图3-35）。滚筒式分离机作业时，被前方挖掘铲挖出的药材和泥土混合物料由输送带送入滚筒当中，滚筒一直处于旋转状态，滚筒的外圈包裹着较大孔径的铁丝网，使得混合物料在滚筒的旋转下将沙土土块等杂质抛出，而较大的药材物料则被留下输送至后端。栅条输送机作业时，其挖掘铲挖出的混合物料达到栅条输送带上，栅条输送带下方布置有一组偏心轮，偏心轮每次转动均将栅条顶起产生局部振动，物料振散的同时将较小的沙土等细杂从栅条空隙内排出，依靠细杂重力散落田间。有的栅条输送机还在设备中间栅条上方增加了一组破土辊，其高低可调节，破土辊和栅条内间隙可将有些较大较硬的土块压碎，再从栅条间隙中掉落，解决了硬土块存留的问题。

图3-34 滚筒式收获机

图3-35 栅条输送式收获机

滚筒式收获机在作业时存在缠绕现象，如药材的毛根易挂在滚筒铁丝网上钩带滚动过程中无法下落，多次的滚动会造成药材的损伤和浪费。目前板蓝根收获中以应用栅条输送为主，其相对滚筒，结构更加可靠。

3. 按输送机构分类

板蓝根收获输送通常采用带式提升机构，有刮板式提升（图3-36）和栅条式提升（图3-37）两种结构。带输送收集机构的收获机可将筛分后的物料直接推升至侧面，配合侧面的拖斗运输车使用，减少了物料落地后再由人工捡拾集中的环节，提高了采收效率，节约了用工成本。带式输送提升机构有带刮板和不带刮板的，带刮板的可升运高度更高，可配合较大拖斗使用。

图 3-36　刮板式提升

图 3-37　栅条式提升

此类收获机适宜于振动分离后洁净度较高的物料，如果由于种植方式或分离机构的原因，导致物料中还掺杂有很多的异物（如土块、石头、残膜等），还需要大量人工对收集的物料摊放、分拣，此时无法最大限度发挥此类设备的最大生产能力，因此对生产效率有极大限制。

目前菘蓝机械化收获还存在一些薄弱环节，现有的机器不能满足实际生产需求，需要一定量的人工辅助，劳动强度依然很大。因此研制一种集挖掘、茎土分离、分类和收集等功能的菘蓝联合收获机是非常有必要的，能大幅度降低劳动强度，缓解收获季用工贵的情况。基于优良种植技术管理技术集成基于北斗导航的智能调控系统的作业机械。在今后药材收获机械的设计中增加调节装置，实现挖掘机构、分离机构等自适应调控技术，提高机具对药材无规律生长特性的适用性，收获机的机型应向功能集约化的方向发展，充分利用"互联网+"等现代技术，把菘蓝的物理特性参数做成数据库，利用大数据实现收获机械的智能控制，加强对菘蓝收获机械的智能化研究，提高收获作业的自动化水平。

三、板蓝根产地加工技术与装备

中药材产地初加工，是指在传统中医药理论指导下，对作为中药材来源的植物、动物、矿物（除人工制成品及鲜品）进行采收、加工处理的技术，又称为中药材初加工或产地加工。中药材在采收之后，除极少部分可直接应用外，绝大多数均需要由当地种植户及时进行产地初加工，最大限度地保留药效成分，在我国常用中药材中，约70%的药材需要产地初加工。规范的产地初加工不仅能及时终止其生理状态，减少药用成分流失，提高中药质量，而且方便中药材的再加工、仓储和运输。随着我国中医药事业的发展和科学技术的不断进步，产地初加工集约化已成为中药材行业发展趋势。产地初加工集约化有助于管控中药材质量，不仅可以规范采收加工以及仓储运输过程，而且可以通过建立相关标准确保道地产区中药材田间生产规范化，从而解决道地中药材产业发展中普遍存在的产区分散、品种混杂、管理混乱、二次污染以及加工标准不一致等问题，进一步保障同批生产的中药材品质，有助于建立中药材产业链质量管理体系。

（一）菘蓝产地加工技术现状

菘蓝的采后初加工也根据其生长部位分为板蓝根初加工和大青叶初加工。虽然属于两种不同形态的物料，但在初加工工序上基本一致，只是针对不同物料的操作内容有所差别。

1. 大青叶初加工

对于一般种植户来说，板蓝根叶采后会进行较简单处理，但需要注意采割后的板蓝根叶不可集中堆放，以免发热腐烂，特别是阴雨天气，应立即平摊放在通风平地上进行晾晒，晾晒过程中多翻动并剔除杂质、泥土及病虫害叶。晾晒至含水量的30%时，再捆扎成小束，挂置通风阴凉处至全干，然后按顺序放入纸箱即可。应当注意的是，无论是阴干、风干或晒干时都要严防雨露、潮湿，以防发生霉变腐烂。未干燥的板蓝根叶不能装箱、装筐，但也不能太干燥，太干燥板蓝根叶脆性过强易破碎，影响药材质量。

对于加工量较大的生产厂家来说，则需要规模化的流水线加工方式来提高加工效率。首先将采收后的板蓝根叶由提升设备送至去土设备中，进入去土设备时经柔性装置将板蓝根叶打散，物料在设备中经过翻滚或振动，沙土等杂质通过网眼被筛除，同时去土设备上设置有负压装置，将物料中的轻杂（如枯叶、残膜等）通过气流吹出沉降收集。接着板蓝根叶输送至预清洗装置，通过水流的翻滚冲击将粘连在板蓝根叶表面的尘土杂质软化并初步清洗，而后板蓝根叶被输送至喷淋设备，进一步洗去表面存有的污垢和污水，清洗干净的板蓝根叶被送至风力脱水设备，设备通过振动和高压气流喷射将板蓝根叶表面的水珠去除（可提高后续烘干环节的效率）。接着板蓝根叶被均匀输送至分拣处理输送线，由人工或色选机器将板蓝根叶中的枯萎、霉变、腐烂的叶片去除，最后进入烘干环节，完成对板蓝根叶的烘干。

2. 板蓝根初加工

小规模处理时，去土后除尽杂质、洗尽泥土，剔除有病斑及腐烂的部分，置干净清洁的场地上晒至七八成干，再理顺，捆扎成小把，再置阳光下或通风处，晾晒至全干，然后依次装袋、装箱即可。以根条粗壮、长、直、淡黄白色、无虫咬、断枝少者为佳。在晾晒的过程中，应严防雨淋、受潮，预防发生霉变，降低质量（图3-38）。

图3-38 板蓝根晾晒

板蓝根的工厂化加工工序基本同板蓝根叶相同。首先将采收后的板蓝根由提升设备送至去土设备中，进入去土设备前需设置有柔性装置将板蓝根打散，物料在设备中经过翻滚或振动，沙土等杂质通过网眼被筛除，同时去土设备上设置有负压装置，将物料中的轻杂（如叶子、残膜等）通过气流吸附沉降收集。由于清洗可能会导致板蓝根内部颜色发生变化，因此售卖的板蓝根经过拣选后可通过干刷清理机械清理掉附着在板蓝根表面的大部分泥土和灰尘，而后进行切片售卖。后续要进行粉碎或精深加工的板蓝根被输送至预清洗装置，通过水流的翻滚冲击将粘连在板蓝根表面的尘土杂质去除，而后板蓝根叶被输送至喷淋设备，进一步洗去表面存有的污垢和污水，清洗干净的板蓝根被送至风力脱水设备，设备通过振动和高压气流喷射将板蓝根表面的水珠去除（可提高后续烘干环节的效率）。接着板蓝根被均匀输送至分拣处理输送线，由人工或色选机器将板蓝根中霉变、腐烂的物料分出，而后由人工将霉变腐烂部分、板蓝根头部残留的叶茎以及须根剔除，随后板蓝根依次输送至切片机，将板蓝根切成均匀薄片后进入烘干环节。将其切成薄片再进行烘干作业是因为板蓝根相对其叶片，整体形态较厚，且外表由表皮包裹，烘干时对其内部的烘干较困难，温度控制不佳表皮易产生固化，内部水分出不去，影响了烘干品质，而切片处理后缩小了物料体积，增大了蒸发面积，物料烘干较均匀，同时也能有效缩短了烘干时间。

（二）清洗技术研究

清洗是板蓝根采后加工的第一步重要环节，要求能将药材表面的泥土、药物残留、毛发等清洗干净且节约水资源，为进一步加工提供优质干净的保障。传统清洗方法是在蓄水池内放水后人工清洗，池水不仅不流动且更换清洗液费时费工，清洗池易生菌，总体效率不高。目前使用清洗效果比较好的主要方式有气泡清洗、超声波清洗、间歇脉冲式涡流清洗、微纳米臭氧气泡水清洗。

1. 气泡清洗

气泡清洗其原理主要是利用风泵将压缩的空气从清洗槽底部排出时会出现不同压力和大小的气泡，气泡在清洗槽上升过程导致清洗液产生不同速度的多相流，相邻物料随着清洗液扰动、旋转、翻滚，气泡在物料表面溃灭时产生巨大的瞬时压强和高速的微射流，连续不断的气泡溃灭对物料表面产生很强的破坏和气蚀作用，使物料表面的杂质脱落。

2. 超声波清洗

超声波清洗利用超声波在液体中传播时产生的超声空化作用，实现对物料的清洗。当超声波作用于液体时，液体中某些点会经历周期性的压缩、膨胀过程。处于膨胀相时，如果此时声压的幅值小于该点所在温度的液体饱和蒸气压与静水压，此时出现负压，溶解于液体中的空气会在薄弱区域以气核形式析出，形成空化核，空化核迅速增长，直径几微米至数十微米不等；在随后到来的压缩相中，这些气泡在压力作用下体积急剧减小，快速闭合直至崩溃。在空化泡闭合崩溃瞬间产生压力很大的冲击波，向固体表面喷射高速微射流，强大的剪切作用和冲击作用足以使物料表面的杂质被击碎、脱落，从而达到清洗目的。

3. 间歇脉冲式涡流清洗

两流层间存在着摩擦力和动量的交换，造成超声波清洗。为增强清洗效果，常与臭氧相结合，利用超声波空化作用和臭氧气泡清洗表面杂质。此类清洗设备能有效清洗物料表面褶皱和凹坑内杂质，清洗速度快，且自身具有杀菌、降解残留农药的作用。但超声波可能会引起多种化学成分性质的变化，且在实际生产中功耗比较大。

4. 微纳米臭氧气泡水清洗

微纳米臭氧气泡水清洗是将微纳米气泡发生技术与臭氧发生技术相结合，利用微纳米曝气技术使臭氧在水中高效溶解得到微纳米臭氧气泡水，能够解决臭氧在水中溶解度不高的问题，提高臭氧的利用率。用于果蔬的清洗消毒时，由于微纳米级气泡的特点，臭氧气泡更加容易渗入果蔬的缝隙，从而提高杀菌效率，同时兼有分解农药残留的作用。将微纳米臭氧气泡水的发生装置与现有的清洗装置相结合，是一种新型的气泡式果蔬清洗消毒设备。微纳米气泡清洗过程中对茎叶类物料损伤小，能够保持其株型与原质，而采用臭氧消毒效果好且安全无残留，对去除残余农药也有明显的效果。

(三) **干燥技术研究**

传统干燥方法有日晒法和柴烘法，日晒法受天气的影响较大，且干燥的程度不高、干燥速度慢；柴烘法是在土炕上进行烘烤，土炕下用木材或煤炭加热，药材放在铁架或竹网上，不仅受热不匀，且木材或煤炭燃烧的有害物质会残留到药材中。

1. 升温干制

升温干制也称为烘干，是指使用烘箱、干燥机等人工手段干燥药材，借助干燥的空气带走药材中的水分。该方法的优点是不受气候、天气条件的制约，可以大规模地初加工药材，且能够准确控制干燥温度；而缺点是消耗的能量太大，一般使用燃煤作为供给源，会对空气造成污染。

2. 热泵干燥

热泵干燥类似于热风干燥，均是利用热空气加热被干燥物料，但热泵干燥技术是利用被加热的热空气与被干燥物料之间的对流热交换，利用干燥介质使热空气中的水分冷凝，以达到脱水干燥的目的。热泵干燥技术的优点一是高效节能。空气源热泵干燥系统具有较高的热能利用率，在干燥过程中热量回收率较高，制热系数可达 4 以上。二是干燥参数易于控制。三是干燥条件可调节范围宽。比如温度的调节范围在 20~100℃，相对湿度可调节范围在 15%~80%，可以干燥多种材料，性能较其他干燥技术优势显著。四是热泵干燥条件比较温和，干燥过程近似自然干燥，水分的蒸发速率接近水分由材料内部向表面迁移的速率，能最大限度地保持材料的色泽、药性等，干燥产物品质好。五是运行效率高。热泵可以 24 h 运转，无须考虑气象条件，较自然干燥和太阳能干燥技术，可持续干燥产品，能源利用率较高，运行费用较低。六是热泵干燥技术对环境污染较小，与绿色可持续发展观念相符合。热泵干燥在干燥后期有除湿效率下降、干燥速率降低、能耗增加的弊端，热泵的性能系数与热泵的蒸发温度和冷凝温度有关，提高冷凝温度可获得较高的干燥温度，但会影响热泵的性能系数和供热量，而设备投资也比较大，空气源热泵干燥装置投资为传统干燥设备的 2 倍以上。

3. 微波干燥

微波干燥的本质是使物质内部的分子互相摩擦，将产生的动能转化为热能带走水分。这种方法干燥效果好、损耗热能少、水分挥发方向和热量传递方向一致，使用时可以有效防止药材表面龟裂的现象出现，一般用于饮片、水丸等形式药材的初加工，在提升干燥速度的同时，还能灭除大部分的有害细菌。

4. 远红外干燥

远红外线干燥借助远红外线改变药材内分子的振动频率来影响其运动，从而在运动中产生热量来间接加热药材，更好地起到烘干作用。因远红外线可以穿透药材，使其内外受热均匀，还不会影响药材制品的外观，因此这种办法具有加热快、节约能源、污染少、操作简单等优点；与此同时，这种办法安全易操作，可以制得高质量的药材初产品。但是远红外线的穿透深度有限，该方法无法加工体积较大的药材。

5. 真空冻干

真空冻干是冻干技术和冷冻技术相结合的干燥技术。使用时需要干燥的药材置于低温环境来进行冷冻，而药材中的水分会结成冰晶，进而升华，以达到干燥目的。这种技术可以防止加热破坏药材中热敏成分的活性，且冻干技术可以尽最大可能维持药材原料本身的有效成分和外观，因此被认为是现如今加工高质量药材的最好方法。相较其他干燥方式而言，真空冻干所需的能耗过大，冻干时需要精良设备的介入，这加大了药材干燥的成本。

（四）发展趋势

构建现代化中药材加工体系是提升中药产品附加值的关键环节，也是中药材产业链的重要组成部分，主要包括提升中药材产地初加工、中药材资源综合利用及中药材精深加工能力和水平，实现产业发展、企业增效、农民增收。

随着中药材规范化种植越来越成熟，不同中药材规范化种植标准操作规程不断建立，分散无序的小作坊模式已经不适应当前中药材产业发展需要，产地初加工集约化将成为必然。亟待建立与规模化种植相匹配的产地初加工基地及对应标准，集中产地中药材进行产地初加工，减少不必要的人工及中药材资源浪费，建立中药材可追溯体系，让中药材来源更清晰，去向可追踪，进一步规范中药材市场，提升道地品牌影响力。

通过在道地中药材种植产区建设现代化大型中药材共享加工基地以

及仓储基地，通过政策扶持等方式培育种植与产地初加工一体化龙头企业，帮助企业建立共享加工车间以及仓储基地。鼓励种植散户进入本地共享加工车间加工中药材，保证加工技术规范，减少加工工序重复，防止中药材有效成分含量减少，从而确保道地产区生产的中药材品质均一稳定。

依托中药材生产经营企业和农民专业合作社，完善中药材生产、产地加工及仓储等设施。根据各行政村中药材种植品种，完善中药材清洗、除杂、干燥、产地加工及包装设施，推广应用小型化、标准化的中药材生产加工机械；按照相关法律标准，符合贮藏条件要求，改造提升现有仓储设施，根据需要配套控温、避光、通风、防潮、防虫和防鼠设施，新建满足乡村中药材产业发展需求的仓储物流设施，推进乡村仓储设施规范化发展，提升中药材仓储物流效率。

中药材资源的综合利用能够延长中药材产业链，提升中药材产业综合产值，保护和改善乡村生态环境。在道地及大宗药材生产过程及中药饮片加工过程中，对产生的根、茎、叶、花、籽等非药用部位和下脚料等进行无害化、资源化利用开发研究，促进中兽药、生物农药、饲料添加剂的开发应用，推进中药材资源药用、食用、饲用、肥用、能源用全环节循环利用，改善了乡村人居环境，延伸了产业链条，提升了中药材产业资源利用率和综合收益。

四、机械化初加工装备

（一）清洗设备

射流气泡清洗机作为预清洗机，可去除轻质、沙子、泥土和石头等杂质。设备主要由进料口、清洗池、加热装置、气泡发生装置、射流发生装置、循环水箱、过滤装置、下压滚筒、输送装置等组成（图3-39）。

工作时，物料进入清洗池后，在下部气泡发生器的作用下在水中不断翻滚，且射流发出相对有压力的水流冲击到物料中，使物料得到更全面、更有效的清洗。清水池中的水也被加热装置加热到指定温度，可进一步增加清洗效果。物料经过后方的纱网滚筒时，滚筒将物料强行压入水中。同

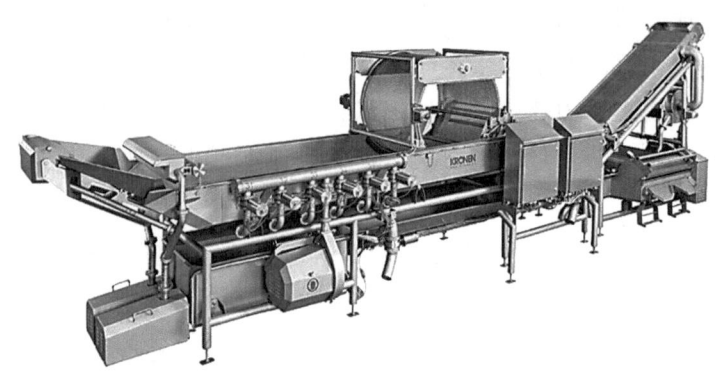

图 3-39 射流气泡清洗机

时细小的轻杂会通过滚筒纱网进入滚筒内部，并从滚筒下方水槽同部分水流排至侧面，完成细小轻杂的分离。较大的杂质经过水流留置循环水箱，且别拦截在水箱上的过滤网上，而较小的沙子则会经过滤网沉降在循环水箱的底部。经过滚筒底部的物料再次漂浮上来后，由输送装置输送至下一道工序。有些清洗机还会在设备上加入电场、微波等物理方式加强清洗效果，当然成本会随之增高（图 3-40）。

过滤装置   循环装置

图 3-40 过滤装置和循环装置

目前广泛使用的清洗设备还有滚筒清洗机（图 3-41）和普通气泡清洗机（图 3-42）。其中滚筒清洗机主要由螺旋滚筒、喷淋装置、循环水箱、过滤装置组成。滚筒内部安装有螺旋板，滚筒转动时，物料在滚筒内由螺旋推着边翻滚边向前移动，同时上方的喷淋装置喷出带压力的扇形水流，达到清洗的效果。清洗的水流会由滚筒上的网孔流出至下方的循环水箱。清洗的水流经过过滤装置后被再次循环利用。普通气泡清洗机也会带有气泡发生装置，但没有单独的循环水箱，其物料主要由网带带动输送，清洗的水变脏后，需要从下部阀门放出，再加入干净的水。其特点是结构简单，价格相对较低，但更换水比较麻烦、费时。

图 3-41 滚筒清洗机

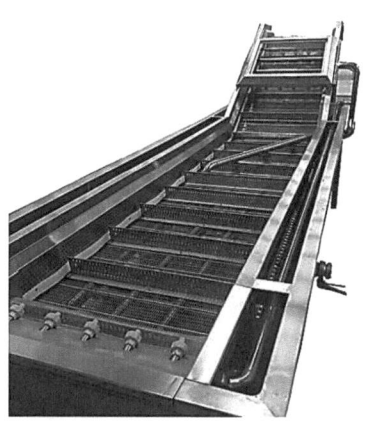

图 3-42 普通气泡清洗机

（二）脱水设备

脱水设备的作用是去除清洗后物料的表面水珠，其作用是缩短后续烘干加工作业的时间。设备主要由输送装置、中高压风机、风道、风刀组成（图 3-43）。物料被均匀地输送至输送带上，当物料经过上方的风刀时，风刀将物料表面的水珠不断吹走，而风刀口旁边的吸风装置则将水珠及时吸走排出，从而完成去除表面水珠作用。风刀刀口大小和高度均可根据物料情况调节，吸力大小可以通过供气口来调节，输送带的速度也可调节。

另有不同方式的输送装置，例如不锈钢网带输送，振动筛网输送装置，其中振动输送装置制成的振动沥水机能通过振动更有效地将刚经过清洗的物料表面大量水珠通过振动筛网网孔排到下方（图 3-44）。

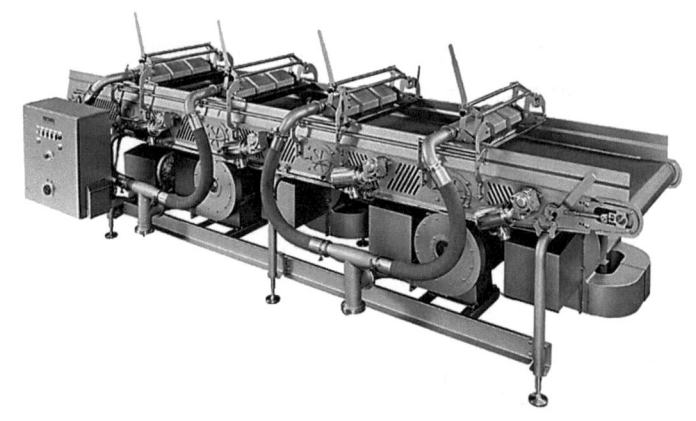

图 3-43 风力脱水机

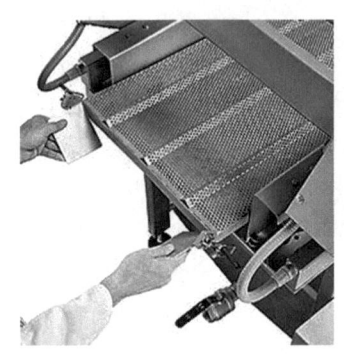 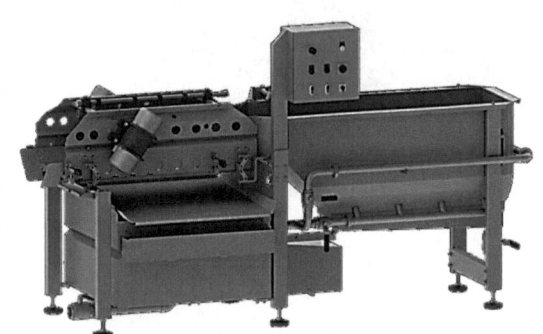

图 3-44 振动沥水机

此外还可使用离心滚筒脱水机脱水,此种方式的脱水效果最佳,能在很短的时间内通过离心作用将水分甩掉,但其不能形成连续生产作业,进料和出料都要间断操作,等滚筒脱水完毕后才能将滚筒物料倒出,而后再进料脱水。

(三)制干设备

1. 烘干房式

烘干房式制干设备主要由 3 个部分组成,分别是热泵系统、物料干燥室、供气系统,其中热泵系统主要有蒸发器、冷凝器、压缩机和膨胀阀等,供气系统主要有风机和管道(图 3-45)。

图 3-45 热泵烘干房（推车式）

2. 网带式烘干

网带式烘干机主要用于物料的大批量、连续式烘干作业，内部采用了多层循环翻转结构，具有加工产量大，工作效率高，烘干品质好的优点（图3-46）。

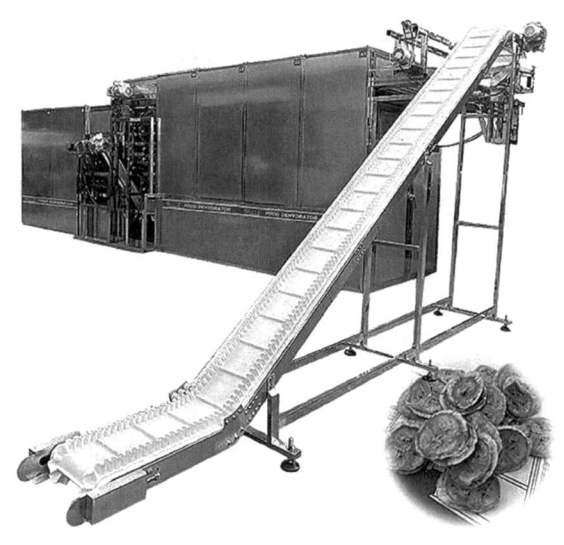

图 3-46 网带式热泵烘干机

网带式热泵烘干优势特点如下。①产量大。可大批量连续式烘干处理，全天候不停机工作,日加工产量可达几十吨,适合集中化烘干加工模式。②效率高。循环翻转和热风穿透烘干的模式,将烘干效率提升了几十倍,一般情况下,鲜货从进料到出料4~8 h即可。③效果好。可针对药材物料干制专门设计,有效保证营养成分和药用价值。④智能化程度高。配置有智能的电控系统和监测系统,可对温度、湿度、时长等参数进行调节和精准化控制。⑤自动化运行。自动进料、自动烘干、自动出料,节省大量人工成本,实现了产业化加工模式。⑥稳定性好。采用低速运转方式,几乎没有易损件,已经有几万家客户实际使用,安全可靠。⑦干净卫生。

3. 真空干燥

真空冻干机设备也称为真空冷冻干燥机,真空冻干机设备结构组成主要由冻干室(冻干箱)、冷凝器(捕水器)、加热系统、真空系统、制冷系统和电气控制系统六大部件组成(图3-47)。

图3-47 真空冻干

冻干室是集抽真空与加热干燥功能为一体的密闭容器,物料的升华干燥过程在干燥仓内完成,物料放在干燥室内搁板上的不锈钢托盘内,按每平方米托盘面积8~12 kg的配比装料,每一层搁板上都有一个可供测量物料温度的探头,用以监测整个冻干过程中的物料温度。

(四)分级分选设备

光电分选可分别对板蓝根和板蓝根叶进行分选。对板蓝根进行分选时,根据色选和形选功能可将霉变、有斑点的板蓝根分出,并且根据设定形状尺寸范围,可按板蓝根的纵切面面积、长度进行分级分选,同样也可对切片后的板蓝根片按切面积进行尺寸分选;对板蓝根叶进行分选时,可将霉变、有斑点的板蓝根叶剔出。

光电分选生产线是基于机器视觉的分选检测系统。产品集计算机视觉、数字图像处理、模式识别、人工智能和自动控制等高新技术于一身,技术含量高。通过采用高分辨率CCD工业相机对每个采集多幅图像,综合药材的大小、形状等特征参数进行检测,并实现自动分级,产品自动化程度高,可完全替代人工(图3-48)。

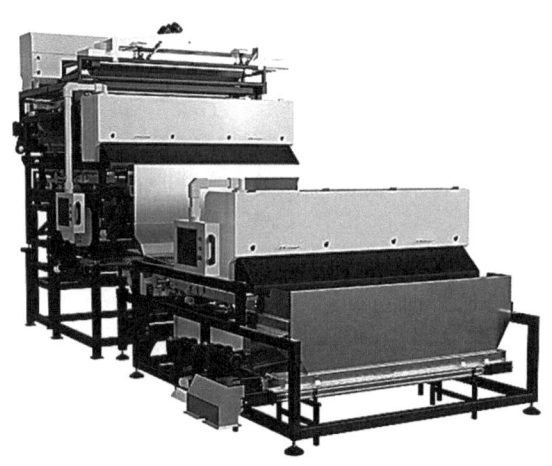

图3-48 光电分选机

该设备性能特点:①高精度、高速全自动分级。分级精度达到±2 mm,分选速度达2~3个/s,有效解决人工分级带来的分级不准确,效率低下和人工成本高等问题。②自动参数设置,简单友好的操作界面,便于操作。③自动数据统计分析功能。可自动统计已分选的总数量、每个品种等级的数量及次品的数量。④多品种的自适应性。调整设置可用于其他品类的材料分选。

(五) 切片机

变频款中药切片机,是中药饮片加工的关键设备之一。其工作原理是刀片上下往复落在步进输送带上,连续地对药材进行切制。该设备适合加工药材颗粒饮片和片、段、条、丁等片形。具有成品率高,切断长度准确,调整方便,切口平整光滑,设备的免维护性好和使用成本低等优点。切割机构配备大偏心轴承加配重块,受作用力都施加至切刀,切制根茎藤类中药材效果好。刀宽达 30 cm,放料空间大,切制长度 0.5~50 mm 可调,满足更多需求(图 3-49)。

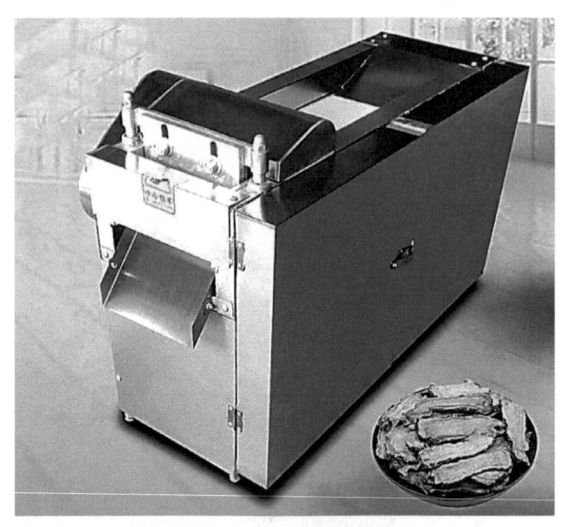

图 3-49　变频切片机

(六) 超微粉碎机

超微粉碎机粉碎技术,主要指细胞级破壁超微粉碎技术。一般要求粉碎至 200 目以上,中药的主要药效成分通常分布于细胞内与细胞间隙中,且以细胞内为主。当细胞破壁后其细胞内有效成分暴露出来,药物的释放速度及释放量会大幅度提高,药效因此大幅度提高,而且使用时起效速度快。细胞破壁超微粉是以破坏动植物类药材细胞壁为目的的粉碎作业,能进行中药细胞破壁生产,破壁率越高其细度越高(图 3-50)。

图 3-50 超微粉碎机

（七）预处理加工生产线

为了更全面、有效地进行菘蓝采后处理加工，通过将上述关键技术及设备的集成组合，形成一套连续性加工生产线（图 3-51）。

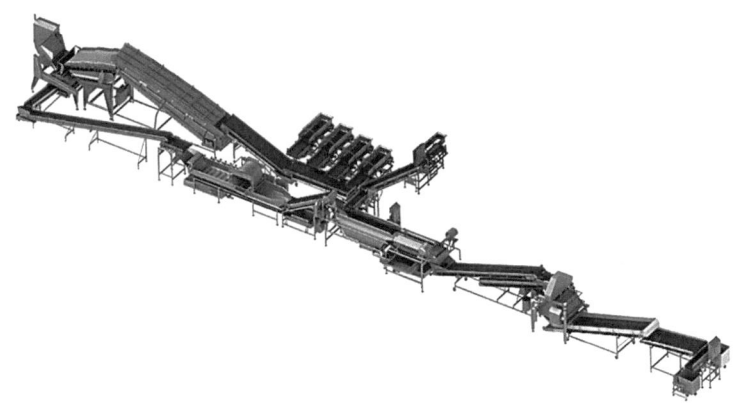

图 3-51 预处理加工生产线

采后板蓝根原料由提升机运移至预清理设备中，而后由设备中的柔性分散装置将物料分散，分散的物料经过带有筛孔的振动筛和末端负压装置，将沙土和轻杂去除并在旁边的集尘器中沉淀收集。接着物料被输送至清洗设备，将表面泥土清洗掉，再经过喷淋设备，进一步将物料表面冲洗干净，然后被输送至脱水机，去除物料表面水分。而后物料被输送至人工分拣输送线上，由人工将不合格、次品物料挑出。分拣后的板蓝根按照需求分别进入不同的后续加工步骤，需要售卖整根板蓝根原料的物料进入分级机，按照切面面积或长度等尺寸要求由分级机分出等级，而后由烘干机缓慢烘干至要求水分，最后进行包装出售。对于需要售卖板蓝根片的物料则需要再分拣后进行切片处理，切片后再进入烘干设备进行烘干，最后进行定量包装。对于售卖板蓝根粉剂的物料需要在切片烘干后进行超微粉碎，最后对粉剂进行定量包装。对于板蓝根叶的加工则在经过清洗、喷淋、脱水、分拣、分级、烘干步骤后即可出售大青叶，还可按要求对大青叶进行粉碎处理后再包装出售。

第四章 质量评价

板蓝根作为常用中药材,在中医药领域具有重要地位。其质量鉴别对于确保药品的安全性、有效性及疗效的稳定性有显著的意义。根据2020年版《中华人民共和国药典(一部)》的规定,板蓝根药材及饮片的质量评价主要包括性状(外观、色泽、形状)、鉴别(横切面、显微、薄层色谱)、检查(水分、总灰分、酸不溶性灰分)、浸出物、含量测定(靛蓝、靛玉红)等方面,近年来的研究主要集中在含量测定、药理作用、制剂工艺等方面。板蓝根的质量鉴别是中医药质量控制的关键环节,建立和完善质量评价体系,对于促进药材的标准化生产和流通、支持科研创新、满足市场需求、促进国际贸易以及提升整个中药材产业链价值均具有积极作用。

第一节 板蓝根外观质量评价

板蓝根的外观质量评价是中药材质量控制的基础环节,它主要依据传统鉴别经验,对药材的形态特征、表面色泽、质地、气味和断面等直观属性进行评价,这种经验评价也符合现代药典的规范要求,能够确保板蓝根药材的内在质量和疗效。通过外观质量评价,可以有效筛选出符合质量标准的药材,为后续的化学成分分析和临床应用提供可靠的基础。

一、性状鉴别和显微鉴别

板蓝根药材的性状特征是评价其质量的重要依据,根据传统经验及药典记载，优质板蓝根药材的长度为 10~20 cm，直径为 0.5~1 cm。表面呈现淡灰黄色或淡棕黄色，可见纵向皱纹及横生的皮孔，部分药材残存茎基和须根，顶端可能带有灰绿色的根茎残基。药材质地坚实，手感略软，折断时断面应较为平坦，皮部呈黄白色，占半径的 1/2~3/4，木部呈黄色，这种现象通常被称为"金井玉栏"，中央可见髓孔。随着时代的变迁和科学研究的深入，对板蓝根质量评价的认识也在不断发展。《中药大辞典》中记载，板蓝根以粉性大者为佳，但也有研究表明，古代所用的板蓝根多为野生品，而现代则多为栽培品，施肥等农业管理措施可能对药材的粉性产生影响。因此，现代的质量评价指标综合考虑了多种因素，包括化学成分含量、生物活性等，以适应现代药品生产和使用的需求。板蓝根药材和饮片的性状鉴别要点详见图 4-1 和图 4-2。

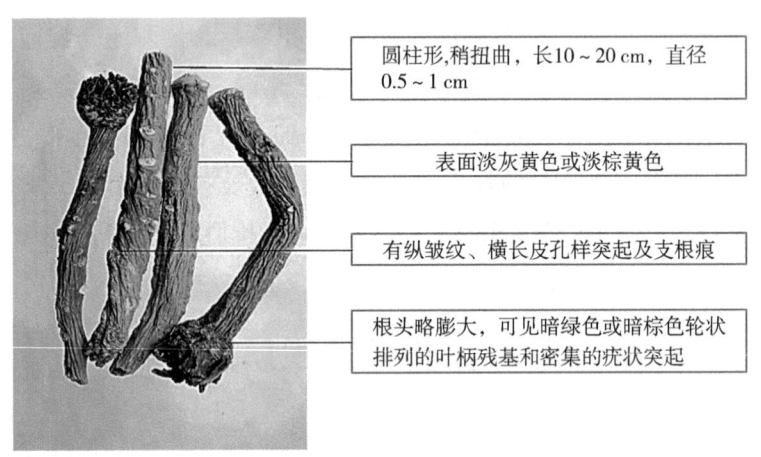

图 4-1 板蓝根药材性状鉴别

在中药材质量控制中，板蓝根的切片显微鉴别也是一种关键技术，通过对药材横切面的细致观察来揭示其内部结构的秘密。在显微镜下，板蓝根切片展现出由外向内的层次结构：首先是一层较薄的木栓层，由扁平的细胞组成，它们紧密排列，构成了药材的外部保护屏障；紧随其后的是皮层，由数层至十数层整齐的细胞构成，其间散布着形态各异的石细胞；进一步向内，可以看到宽阔的韧皮部，其中筛管和伴胞交织分布，草酸钙结

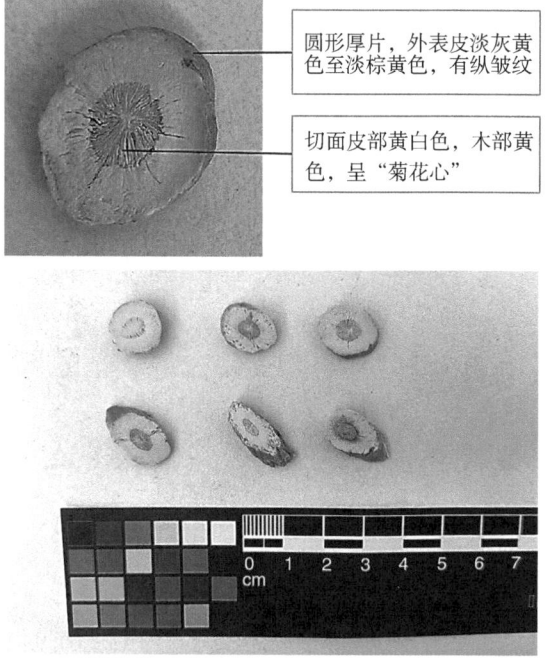

图 4-2 板蓝根饮片性状

（摄于北京协和医学院药用植物研究所）

晶点缀其间，这些结晶或散在或成群，形态多样；穿过一层明显的形成层，即进入木质部，这里导管和木纤维构成了药材的主要支撑结构，细胞壁较厚，呈现出一种放射状的纹理。这种连贯的显微结构分析不仅有助于确认板蓝根的真实性，还能够评估其成熟度和内在质量，从而确保药材的疗效和安全性。

研究表明，断面疏松且存在裂隙的板蓝根样本具有显著的结构特点（图4-3）。这类样本的木质部较为发达，占根半径的3/5~4/5，而皮部区域的淀粉粒含量较低，淀粉粒以单粒形式存在，形态主要为圆形或卵形。在这类样本中，导管周围并未发现纤维束的分布。与此相反，断面油润且粉性明显的板蓝根样本则表现出不同的显微特征。此类样本的木质部相对较小，仅占根半径的1/3~1/2，其皮部内的淀粉粒较多，形态同样以圆形或卵形为主。木质部导管通常为单个或2~3个一组，呈径向断续排列，部分导管周围可见纤维束,表明存在一定程度的木化。

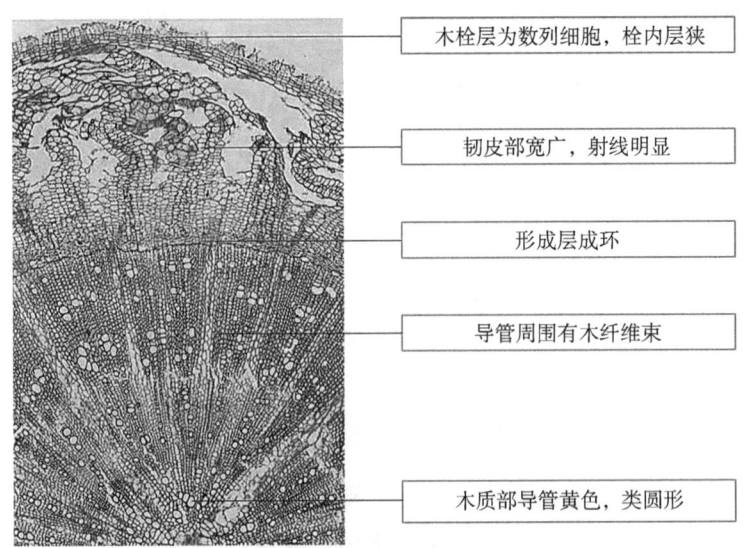

图 4-3　板蓝根切片显微鉴别

进一步观察发现,粉性样本的导管周围存在木纤维,木栓层的木质化程度较高。而断面裂隙明显的样本则在导管周围缺乏木纤维,木栓层的染色较浅,显示出较低的木栓化程度。这些显微特征为板蓝根药材的质量鉴别提供了重要的参考依据。

根据《常用中药材品种整理和质量研究》(北方编)第一册中的记载,药用板蓝根应选用栽培的菘蓝,在开花前采收其根及根茎。对于结种子后的板蓝根,其表面呈现干枯状态,质地较硬,木质部占根半径的 3/4~6/7,且几乎不含淀粉粒,这与质量评价中观察到的"性硬"的板蓝根特征相一致。因此,这些特征可作为判断板蓝根药材质量的重要标准。

二、化学成分

板蓝根是一种在中医药领域具有广泛应用的药用植物,其化学成分多样且复杂。目前已鉴定出近 400 种化合物,这些化合物共同构成了板蓝根的药理作用基础。在这些化合物中,生物碱类成分尤为突出,其中靛蓝和靛玉红是两种广为人知的生物碱，它们不仅显示出显著的抗炎和抗病毒活性，而且是板蓝根药效的关键成分。此外，告依春、表告依春等生物碱也在板蓝根中被检出，这些成分对于中药制剂的质量控制具有重要的参考意义。除了生物碱类成分，板蓝根还富含多种氨基酸类成分，包括精氨酸、脯氨酸、谷氨酸和酪氨酸等。这些氨基酸不仅是蛋白质的基本构成单位，而且在人体代谢过程中发挥着至关重要的作用。特别是在板蓝根中含量较高的精氨酸，表明氨基酸可能是板蓝根药效发挥的另一关键因素。

此外，板蓝根还含有多种其他类型的化学成分，如有机酸类、蒽醌类、黄酮类、苯丙素类、醇类、核苷类以及硫代葡萄糖苷及其代谢产物等。这些成分在板蓝根的药理作用中各司其职，共同作用形成了板蓝根复杂而独特的药效机制。因此，对板蓝根化学成分的深入研究，对于优化中药制剂的配伍、提高临床治疗效果以及推动中医药现代化具有重要意义。

根据《中国药典》的规定，板蓝根药材中（R,S）-告依春的最低含量标准被设定为 0.020%，而其饮片形式的最低含量标准则为 0.030%。这些明确的标准为板蓝根药材的质量控制提供了坚实的基础。综合考量，板蓝根所含的化学成分种类繁多，各成分之间存在相互作用与协同效应，共同构成了板蓝根独特的药理特性。对板蓝根中化学成分的结构、特性及其功能的深入研究，对于阐释其药效机制、完善质量评价体系以及增强临床疗效具有至关重要的作用（表4-1）。

表4-1 板蓝根主要化学成分

种类	成分
生物碱类	靛蓝、靛玉红、菘蓝苷E、1-甲氧基-2-吲哚乙腈、告依春、表告依春等
有机酸类	水杨酸、苯甲酸、L-焦谷氨酸等
蒽醌类	大黄素、大黄素-8-O-β-D-糖苷等
黄酮类	新橙皮苷、甘草素等
苯丙素类	直铁线莲宁B、紫丁香苷等
醇类	胡萝卜苷、γ-谷甾醇等
核苷类	腺苷、胞苷、鸟苷、尿苷等
其他成分	多糖、微量元素等

三、药材饮片的商品规格

中药材因其来源广泛,易受自然环境、采收条件、加工方法等多种因素影响,导致药效成分复杂且质量波动较大。中药材商品规格等级制度作为衡量中药材质量的关键标准,提供了评价中药材质量的重要依据。该制度通过明确等级划分标准,能够有效区分不同品质的中药材,进而对同种药材的市场定价产生显著影响。商品规格等级制度通过对比不同产地的同种药材以及具有不同性状的同种药材的优劣,建立了一套稳定的"看货评级"与"分档议价"的传统评价体系。该体系对于推动中药材实现"优质优价"原则、规范市场交易行为,以及促进整个中药行业的健康发展具有至关重要的作用。

板蓝根药材商品主要源自栽培植物。依据市场流通情况,板蓝根药材被划分为"选货"与"统货"两大规格类别,并且在各自的规格下不再进一步细分等级。在"选货"规格中,板蓝根中部直径需达到 0.8 cm 及以上,长度不少于 10 cm,且几乎不带有根头;而在"统货"规格中,板蓝根的中部直径介于 0.5~1.5 cm,长度范围为 5~20 cm,通常带有根头。目前市场上流通的板蓝根药材以"统货"为主。除此之外,根据《中药材商品规格等级 板蓝根》(T/CACM 1021.1—2016)的规定,板蓝根药材还应满足以下质量要求:无变色现象、无虫蛀痕迹、无霉变迹象,且杂质含量不得超过 3%。这些标准对于确保板蓝根药材的质量安全和疗效稳定性具有重要意义,有助于规范市场交易,保障消费者权益。

历史上,关于板蓝根的应用及其品质评价的文献记载较为匮乏。现代对板蓝根药材品质的评价主要参考了包括《中国药材学》、1977 年版《中国药典》一部、《中华本草》等在内的几部重要著作。这些文献普遍认为,优质的板蓝根药材应具备条长、粗大、体实的特点。《中药大全》中进一步指出,根长粗壮且均匀、粉性充足的板蓝根为上品。《500 味常用中药材的经验鉴别》中提到,条粗长、色黄白且具有粉性的板蓝根品质较好,尤其是河北地区所产的板蓝根药材被认为品质较佳。《中华药海》和《金世元中药材传统鉴别经验》则分别强调了根平直粗壮、坚实、粉性大以及身干、条长、均匀、质润等特点作为评价板蓝根品质的标准。

综上所述，现代文献中对板蓝根药材的品质评价主要基于其外观特征，如根的粗细、长短和质地等。当前的规格等级划分也主要基于外观标准。

第二节　板蓝根质量评价方法

板蓝根在现代医学和传统中医药中均有广泛应用，随着科学技术的进步，对其质量评价的方法也日趋现代化和标准化。现代评价板蓝根质量的方法主要依赖于化学分析技术，如高效液相色谱法（HPLC）、气相色谱法（GC）、紫外—可见光谱法（UV-Vis）指纹图谱分析、多组分定量分析、生物测定技术、化学信息转移率和生物效价转移率等，这些技术能够对板蓝根中的有效成分和指标性成分进行定性和定量分析。

高效液相色谱法（HPLC）是评价板蓝根质量的常用技术，它能够准确测定板蓝根中的多种化学成分，包括但不限于生物碱类如靛蓝和靛玉红，以及氨基酸类成分如精氨酸等。通过HPLC，可以对这些成分的含量进行精确测定，并与药典标准进行比对，从而评估板蓝根的质量。气相色谱法（GC）凭借其在分离和定量分析挥发性和热稳定性成分方面的优势，被广泛用于鉴定和测定板蓝根中的精油成分及特定生物碱类成分。此外，紫外—可见光谱法（UV-Vis）利用分子对紫外或可见光的吸收特性，高效地评估板蓝根中生物碱和酚类化合物等化学成分的浓度。

指纹图谱分析技术通过构建药材的化学成分模式，为板蓝根的整体质量评价提供了一种综合的方法。该技术不仅有助于区分不同产地和生长条件下的板蓝根，还确保了药材的一致性和可追溯性。与此同时，多组分定量分析允许同时对中药材中的多种有效成分进行精确测定，为板蓝根的质量控制提供了全面的数据支持。

此外，生物测定技术通过模拟药理作用，直接评估板蓝根的生物活性，如抗病毒、抗菌、抗炎等，为药材的临床疗效提供了科学依据。化学信息转移率和生物效价转移率的评估，有助于监控中药材从原料到成品过程中有效成分的保持程度，确保了板蓝根在加工过程中的稳定性和生物利用度，从而保障了最终产品的疗效和质量。这些分析技术的综合应用，为板蓝根的现代化研究和质量评价提供了坚实的基础。具体实验操作详见表4-2。

表4-2 板蓝根质量评价鉴定方法

	方法	成分	具体操作
传统方法	基原鉴定		主要通过《神农本草经》《千金方》《新修本草》《太平圣惠方》《证类本草》《本草纲目》《中华人民共和国药典》等书籍记载进行评价
	性状和显微鉴定		性状鉴定主要包括药材的颜色、气味、形状、质地、表面特征、粗细、长短、大小、断面特征、杂质等方面内容，鉴定方法通常有眼观、手摸、鼻闻、口尝、水试、火试等
	理化鉴定		理化鉴定的指标有总灰分、酸不溶性灰分、浸出物、挥发油、有效成分、二氧化硫残留、重金属、农药残留及微生物等。2020年版《中华人民共和国药典（一部）》规定板蓝根水分不得超过15.0%，总灰分不得超过9.0%，酸不溶性灰分不得超过2.0%，浸出物不得少于25.0%，(R,S)-告依春（C_5H_7NOS）含量不得少于0.02%
现代方法	高效液相色谱法：用于测定板蓝根中特定化学成分的含量	腺苷、(R,S)-告依春	色谱条件与系统适应性试验：采用色谱柱；以甲醇为流动相A，以0.02%磷酸水溶液为流动相B，按规定进行梯度洗脱 溶液的制备：制备对照品溶液、供试品溶液 分别进行专属性试验、线性关系考察、精密度试验、重复性试验和稳定性试验 样品含量的测定：分别对样品进行处理，并且"色谱条件与系统适用性试验"项下的条件对腺苷和(R,S)-告依春的含量进行测定，每批平行测定2份，得到HPLC图
	指纹图谱分析：评价不同产地或不同生长条件下板蓝根的质量差异	(R,S)-告依春	制定色谱条件色谱柱 供试品溶液、对照品溶液的制备 方法学考察：线性关系、精密度试验、重复性试验、稳定性试验、加样回收率试验 含量测定：制备板蓝根供试品溶液，按色谱条件测定样品粉末中的(R,S)-告依春含量。 指纹图谱相似度评价：称取样品粉末，制备供试品溶液，按色谱条件进样，得到板蓝根的指纹图谱，将得到的色谱图以AIA格式依次导入《中药色谱指纹图谱相似度评价系统软件》（2004A版）进行指纹图谱相似度分析，生成对照指纹图谱
	一测多评法：同时测定板蓝根多种成分	腺苷、尿苷、鸟苷、(R,S)-告依春	溶液的制备：混合对照品溶液的制备、供试品溶液的制备、阴性对照溶液的制备 制定UPLC色谱条件、HPLC色谱条件 方法学考察：稳定性考察、精密度试验、重复性试验、加样回收率试验 一测多评法与外标法测定结果的比较：精密称取板蓝根粉末，制备供试品溶液，依法测定，用外标法对4个待测成分定量测定，与一测多评法测定结果比较

综合考量，板蓝根药材的质量评估应当融合化学成分分析、生物活性评估及生产流程的质量监控等多种要素。通过上述方法的综合应用，能够全方位地对板蓝根药材的质量进行评价，并为其质量标准的制定提供科学支撑，进而保障药品原料的品质及治疗效果。

第三节 板蓝根药材和饮片的真伪鉴别

板蓝根作为广泛使用的中药材，因其显著的抗病毒功效而被誉为"中药抗病毒之冠"，年需求量保持在 20 000~25 000 t。鉴于其在市场上的重要性，对板蓝根的真伪进行准确鉴别显得尤为关键。依据《中国药典》等相关标准和规范，采用综合的鉴别手段，对性状鉴别、显微鉴别、化学成分分析和生物活性进行评估。通过对药材中的关键活性成分进行定性和定量来区分真伪，确保药材的质量和疗效，保障医疗用药的安全有效。

一、常见伪品——桔梗、路边青、油菜根

在进行板蓝根的真伪鉴别时，外观特征的观察是初步且关键的步骤。正品北板蓝根通常表现为圆柱形状，存在一定程度的弯曲，其表面颜色为灰黄或淡棕黄，特征性地分布着纵向皱纹和横向皮孔，同时可见支根的痕迹。该药材质地坚实而脆弱，易于折断，其断面显示皮部为黄白色，木部为黄色。在嗅觉上，正品北板蓝根气味微弱，口感初微甜而后转为苦涩。相对而言，常见的伪品如路边青和油菜的干燥根，在外观特征上与正品北板蓝根有显著的区别。伪品的外观通常呈圆柱形或纺锤形，多弯曲，有分枝，长 8~20 cm，比正品稍短，表面土黄色至棕黄色，有纵皱纹，而无真品其他特征；质硬，不易折断，断面淡黄白色，皮部薄，木部宽，呈放射状纹理；闻之气微，口尝味淡无味（图 4-4）。

因此，在进行真伪鉴别时，应细致比较这些关键的外观和感官特征，以确保鉴别的准确性。

在中药材质量控制领域，理化鉴定是确保板蓝根药材真实性和质量一

 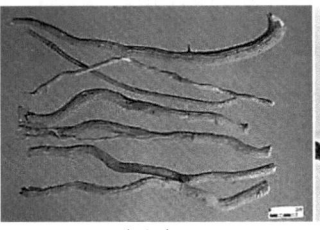 

| 桔梗 | 路边青 | 油菜根 |

图 4-4　常见板蓝根伪品

致性的关键环节。该过程涉及多种科学的实验技术，包括但不限于在紫外光照射下观察药材的荧光反应、采用薄层色谱法（TLC）进行化学成分的分离与鉴定，以及通过与标准药材和标准品进行色谱对比分析，实现对板蓝根化学成分的精确定性和定量。这些方法的应用，为准确鉴别板蓝根的真伪提供了科学依据，同时也为药材质量的评价提供了准确的方法论。具体的操作细节和评价标准，可参照表中列出的药典及专业文献中的描述（表4-3）。

表 4-3　板蓝根的定性鉴别方法

鉴别方法	结果
本品水溶液在紫外光灯（365 nm）下观察，显蓝色荧光	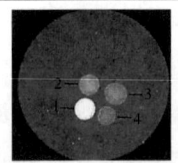
取本品粉末 0.5 g，加稀乙醇 20 mL，超声处理 20 min，过滤，滤液蒸干，残渣加稀乙醇 1 mL 使溶解，作为供试品溶液。另取板蓝根对照药材 0.5 g，同法制成对照药材溶液。再取精氨酸对照品，加稀乙醇制成每 1 mL 含 0.5 mg 的溶液，作为对照品溶液。照薄层色谱法试验，吸取上述三种溶液各 1~2 μL，分别点于同一硅胶G 薄层板上，以正丁醇—冰醋酸—水（19:5:5）为展开剂，展开，取出，热风吹干，喷以茚三酮试液，在 105℃加热至斑点显色清晰。供试品色谱中，在与对照药材色谱和对照品色谱相应的位置上，显相同颜色的斑点	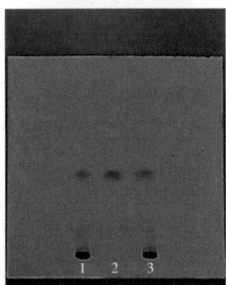

(续表)

鉴别方法	结果
取本品粉末 1 g，加 80% 甲醇 20 mL，超声处理 30 min，过滤，滤液蒸干，残渣加甲醇 1 mL 使溶解，作为供试品溶液。另取板蓝根对照药材 1 g，同法制成对照药材溶液。再取（R,S）-告依春对照品，加甲醇制成每 1 mL 含 0.5 mg 的溶液，作为对照品的溶液。照薄层色谱法试验，吸取上述三种溶液各 5~10 μL，分别点于同一硅胶 GF254 薄层板上，以石油醚（60~90℃）—乙酸乙酯（1:1）为展开剂，展开，取出，晾干，置紫外光灯（254 nm）下检视。供试品色谱中，在与对照药材色谱和对照品色谱相应的位置上，显相同颜色的斑点	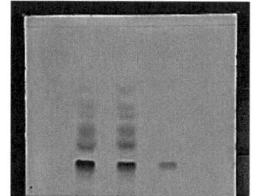

除上述方法之外，分子生物学也作为现代中药鉴定的重要手段，通过一系列先进的分子生物学技术对板蓝根进行真伪鉴别和质量评价。这些技术主要包括 DNA 条形码分析、基因组测序和比较基因组杂交等方法。DNA 条形码技术通过选取特定的 DNA 片段作为条形码区域，对板蓝根样本进行测序，然后与数据库中的标准序列进行比对，以准确鉴定其物种身份。基因组测序技术则能够提供板蓝根的全基因组信息，揭示其遗传背景和生物多样性，有助于理解不同产地板蓝根的遗传差异。如利用核基因 ITS2 条形码鉴定能区分不同基原植物的板蓝根。利用核基因 ITS2 区和叶绿体 matK 基因片段能对菘蓝和欧洲菘蓝样本进行区别。比较基因组杂交技术则通过比较不同板蓝根样本间的基因表达差异，评估其生物学特性和药效潜力。这些分子生药学技术的应用，不仅提高了板蓝根鉴别的准确性和效率，也为深入研究板蓝根的生物学特性和药效机制提供了有力的工具。

二、北板蓝根与南板蓝根

《中国药典》自 1985 年至 2010 年版均有收录板蓝根，但之前菘蓝和马蓝均作为板蓝根入药。直到 1995 年，《中国药典》将两者分别载入，明确板蓝根为十字花科植物菘蓝的干燥根，习称北板蓝根，主要在全国多数地区使用。南板蓝根则为爵床科植物马蓝的根茎和根，主要在西南和华南地区使用。此外，菘蓝及马蓝的叶均作为青黛的来源，但《中国药典》规定的大青叶来源仅为菘蓝，尽管南方部分地区仍使用马蓝的叶作为大青叶。

北板蓝根的主要产区包括江苏、浙江、河北、河南、安徽、湖北等地，其中河南、安徽、甘肃及东北地区为道地产区。而南板蓝根则主要产于云南、贵州、四川、广东、广西。在市场上，常出现以南板蓝根冒充北板蓝根的情况。虽然两者均为板蓝根，但因其药效和成分的差异，不能随意替代（表4-4）。

表4-4 南北板蓝根的性状和显微比较

类别	北板蓝根	南板蓝根
性状	根茎圆柱形，稍扭曲	根茎类圆形，多弯曲
	表面浅灰黄色或棕黄色，有纵皱纹、横长皮孔样突起及支根痕	表面灰棕色，具细纵纹；外皮易剥落，呈蓝灰色
	体实，质略软	质硬而脆，易折断
	断面皮部黄白色，木部黄色	断面皮部蓝灰色，木部灰蓝色至淡黄褐色，中央有髓
	气微，味微甜后苦涩	气微，味淡
显微	木栓层数列细胞，栓内层狭	木栓层数列细胞，内含棕色物
	韧皮部宽广，射线明显	韧皮部较窄，韧皮纤维众多
	木质部导管黄色，类圆形	木质部宽广，细胞均木化
	薄壁细胞含淀粉粒	薄壁细胞含椭圆形的钟乳体
	形成层成环，有木纤维束	皮层宽广，外侧为数列厚角细胞；内皮层明显；可见石细胞

第五章 饮片生产

第一节 板蓝根饮片的制作工艺

《中国药典》收载中药材板蓝根为十字花科植物菘蓝（*Isatis indigotica* Fort.）的干燥根。秋季采挖，除去泥沙，晒干得到中药材。后经过除去杂质，洗净，润透，切厚片，干燥获得中药饮片。《中国药典》对板蓝根饮片的制作工艺进行了高度的概述，但板蓝根由植物到中药材，再到饮片的过程还需要经历产地原料收集处理、炮制加工、质量检测、贮藏等多种工序（图5-1）。

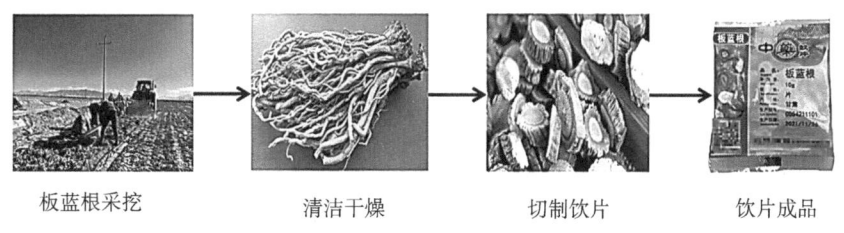

板蓝根采挖　　　清洁干燥　　　切制饮片　　　饮片成品

图 5-1　板蓝根饮片生产过程

一、原料采集与处理

板蓝根为根类药材，其采收时期在初霜后。根据各地时节略有不同，一般在9—10月进行采收。板蓝根的采挖在晴天进行，采用人工或机器深挖30~40 cm，保证根部完整。在产地板蓝根采收后，去净泥土、芦头和茎叶，晒至七八成干，扎成小捆，再晒至全干，打成包或装麻袋。初步采集和处理后的板蓝根放置到低温干燥处暂时贮藏,为下一步的板蓝根饮片制作做好准备。需要注意经常检查存放的板蓝根,以防受潮、发霉、变质和虫蛀(图5-2)。

图5-2 板蓝根人工采挖根部

二、饮片炮制加工流程

中药饮片是中药最基本的入药形式。而从中药材到中药饮片则需要在中医理论的指导下,按中医用药要求将中药材进行炮制加工。同一种中药材,由于炮制加工工艺不同,有效成分的含量及入药后的药性会有所差异,将直接影响临床用药剂量的准确度及疗效,中药材的炮制加工工艺十分重要。古代关于板蓝根炮制的文献资料比较少,原因可能在于炮制方法比较统一,争议处不多。其炮制最早见于宋代,为"麸炒,令黄色",再往后,明代"洗,晒干""洗净,晒干",总共两种炮制方法。现代板蓝根的炮制方法,摒弃了前人"麸炒,令黄色"的方法,采用了后一种炮制方法。当下板蓝根在《中国药典》(2020年版)炮制方法也与此一脉相承。药典记载为除去杂质,洗净,润透,切厚片,干燥。目前全国各地收载的炮制方法也与之相似（表5-1，表5-2）。

表5-1　中药板蓝根历代炮制沿革

朝代	方法	出处
宋	麸炒，令黄色	《小儿卫生总微论方》
明	洗，晒干	《医学纲目》
明	洗净，晒干	《景岳全书》

表5-2　全国各地板蓝根饮片炮制概况

来源	方法	饮片规格
《中国药典》（2020版）	除去杂质，洗净，润透，切厚片，干燥	本品呈圆形的厚片。外表皮灰黄色至淡棕黄色，有纵皱纹。切面皮部黄白色，木部黄色。气微，味微甜后苦涩
《天津市中药饮片炮制规范》（2012年版）	除去杂质，洗净，润透，切厚片，干燥	本品呈圆形的厚片。外表皮淡灰黄色至淡棕黄色，有纵皱纹。切面皮部黄白色，木部黄色。气微，味微甜后苦涩
《内蒙古蒙药材炮制规范》（2017年增补版）	取原药材，除去杂质，洗净，润透，切厚片，干燥，或用时粉碎	本品呈圆形的厚片，外表皮淡灰黄色至淡棕黄色，有纵皱纹；切面皮部黄白色，木部黄色。气微，味微甜后苦涩
《上海市中药饮片炮制规范》（2008年版）	将原药除去残茎等杂质，快洗，润透，切厚片，干燥，筛去灰屑	本品为类圆形或不规则形的切片
《江西省中药炮制规范》（1991年版）	取原药，去杂质，抢水洗净，润软，干燥	为类圆形的厚片，直径0.3~1.2 cm，表面淡灰黄色或淡黄棕色，有纵皱纹及横生皮孔。切面皮部黄白色，木部黄色，形成层环棕色。气微，味微甜而后苦涩
《江西省中药饮片炮制规范》（2008年版）	除去杂质，抢水洗净，润软，切厚片，干燥	本品为类圆形的厚片，直径0.3~1.2 cm。表面皮部黄白色，木部黄色，形成层环棕色，有纵皱纹及横生皮孔。气微，味微甜而后苦涩。无杂质，无虫蛀、霉变
《山东省中药炮制规范》（2002年版）	去净残茎及杂质，洗净，略泡，捞出，润透，切厚片，干燥	本品为圆形的厚片，片面黄白色，木部黄色，形成层环棕色；周边淡灰黄色或淡棕黄色，质略软。气微，味微甜后苦、涩
《河南省中药饮片炮制规范》（2005年版）	除去杂质，洗净，润透，切厚片，干燥	本品为不规则的厚片。表面淡灰黄色或淡棕黄色，切面皮部黄白色，木部黄色。气微，味微甜后苦涩
《四川省中药饮片炮制规范》（2002年版）	除去杂质，洗净，润透，切厚片，干燥	本品为厚片。表面灰黄色，切面皮部淡黄白色，木部黄色，味微甜而后涩

(续表)

来源	方法	饮片规格
《吉林省中药炮制标准》(1986年版)	除去杂质，速洗净泥土，捞出，沥水，2 mm片，晒干	—
《重庆市中药饮片炮制规范及标准》(2006年版)	除去杂质，洗净，润透，切厚片，干燥	为圆形厚片。直径0.5~1 cm
《陕西省中药饮片标准》(第一册)	取药材板蓝根，除去杂质，洗净，润透，切厚片，干燥	本品为类圆形或不规则形的厚片。切面皮部黄白色，木部黄色。周皮表面淡灰黄色或淡棕黄色，有纵皱纹、横长皮孔样突起及支根痕。根头部者略膨大，可见暗绿色或暗棕色轮状排列的叶柄残基和密集的疣状突起。粉性，略肉质。气微，味微甜后苦涩
《江苏省中药饮片炮制规范》(2002年版)	取原药材，除去杂质，洗净，润透，切厚片，干燥	为圆形厚片。切面皮部黄白色，木部黄色，周边淡灰黄色或淡棕黄色。气微，味微甜而后苦涩
《浙江省中药炮制规范》(2005年版)	取原药，除去杂质，洗净，润软，切成厚3~6 mm的片或短段，干燥	多为类圆形的片或短段，直径0.5~1 cm。表面灰黄色或淡棕黄色，具纵皱纹，有的可见暗绿色或暗棕色轮状排列的叶痕及疣状突起。断面皮部黄白色，形成层环棕色，木部黄色。气微，味微甘后苦涩
《安徽省中药饮片炮制规范》(2005年版)	取原药材，除去杂质，洗净，润透，切厚片，干燥，筛去碎屑	为圆形厚片。切面皮部黄白色，木部黄色；周边淡灰黄色或淡棕黄色。气微，味微甜而后苦涩
《福建省中药炮制规范》(1988年版)	除去杂质，洗净，切厚片，干燥	本品呈片状，片厚2~4 mm。切面皮部黄白色，木部黄色；外皮淡灰黄色或淡棕黄色。气微，味微甜后苦涩
《广西壮族自治区中药饮片炮制规范》(2007年版)	除去杂质，抢水洗净，润透，切短段或厚片，筛去灰屑	本品为圆柱状短段或厚片，外表淡灰黄色或暗棕黄色，有纵皱纹、横长皮孔样突起及支根痕，切面皮部黄白色，木质部黄色。气微，味微甜后苦涩。无霉蛀，无杂质
《北京市中药饮片炮制规范》(2008年版)	取原药材，除去杂质，洗净，闷润12~24 h，至内外湿度一致，切厚片，干燥，筛去碎屑	本品为圆形厚片。外表皮淡灰黄色或淡棕黄色，有纵皱纹。切面皮部黄白色，木部黄色。质略软。气微，味微甜后苦涩
《新疆维吾尔自治区中药维吾尔药饮片炮制规范》(2010年版)	除去杂质，洗净，润透，切厚片，干燥	本品为圆形的厚片，片面黄白色或淡棕黄色，木部黄色，形成层环棕色；周边淡灰黄或淡棕黄色，质略软。气微，味微甜后苦涩
《内蒙古蒙药饮片炮制规范》(2020年版)	取原药材，除去杂质，洗净，润透，切厚片，干燥；或用时粉碎	本品呈圆形的厚片，外表皮淡灰黄色至淡棕黄色，有纵皱纹；切面皮部黄白色，木部黄色。气微，味微甜后苦涩

为了提升板蓝根饮片品质，目前有许多研究结合药典规定，对具体的工艺参数进行了探究。广东一方制药厂等在优选板蓝根炮制工艺中，采用冷水浸泡法、润制法和蒸制法等方法对板蓝根进行炮制。以外观性状、水分、浸出物、(R,S)-告依春含量及4个色谱特征峰的峰面积为指标进行主成分分析。结果表明不同炮制工艺的板蓝根饮片质量存在一定差异。最佳炮制方法为润制12 h，切厚片，50℃干燥12 h。王亚琦等在探究板蓝根饮片切制后的干燥参数时，对新鲜采收的板蓝根药材进行了4种切制干燥方法探究。包括切片后60℃干燥；切片后自然干燥；自然干燥（13～15天）后切片，再60℃干燥；自然干燥（30～50天）后切片，再60℃干燥。从外观评分及水分、灰分、浸出物、主要成分（R,S)-告依春的含量方面进行比较。所得结果表明将鲜品自然干燥（约15天）到一定程度后再切制及干燥后所得板蓝根饮片的质量相对最好。梁丽丽等在对板蓝根饮片的浸润切制工艺优选中，对板蓝根药材软化时加水量、润制时间和切片厚度进行考察，结果表明板蓝根药材加0.6倍水浸润20 h，切片厚度3 mm，60℃烘干条件下，其(R,S)-告依春、水浸出物、醇浸出物的含量最佳。

第二节　板蓝根饮片质量控制与标准

当下对板蓝根饮片进行质量分析及综合评价，主要从性状鉴别、含量测定［水分、灰分限量检查，醇溶性浸出物、(R,S)-告依春含量］等方面来进行。性状鉴别中，《中国药典》规定板蓝根饮片呈圆形的厚片。外表皮淡灰黄色至淡棕黄色，有纵皱纹。切面皮部黄白色，木部黄色。气微，味微甜后苦涩。含量测定中，《中国药典》规定其饮片水分不得过13.0%；总灰分不得过8.0%；酸不溶性灰分不得过2.0%；醇溶性浸出物不得少于25.0%；含(R,S)-告依春（C_5H_7NOS）不得少于0.030%。通过性状和整体含量对板蓝根饮片的质量控制，为其临床用药安全提供依据，地方标准中少见板蓝根饮片的质量标准，主要以板蓝根的中药材为主。

贮藏与中药的质量密切相关。贮藏不当，板蓝根饮片会发生虫蛀、生霉、变色等变质现象，造成中药有效成分的损失和破坏，导致疗效降低，造成经济损失和物质浪费，甚至产生有毒物质，危害人体健康。因此，板蓝根置低温干燥处，堆码不宜过高、过大，防止其发霉或被虫蛀。

第六章 临床应用

第一节 板蓝根的传统和现代医学应用

板蓝根是常用的 40 种大宗药材之一,年需求量在 1.6 万 t 左右,医药市场对板蓝根的需求量每年以 15%的速度递增,以板蓝根为主要原料的中西成药、中药饮片、兽药已超过 2 000 种。板蓝根在临床应用范围较广,目前利用板蓝根制成的制剂多样,比如板蓝根冲剂、板蓝根注射液以及复方板蓝根冲剂等,是临床中使用较广的制剂。另外还有板蓝根糖浆、片剂、滴眼液等制剂。板蓝根还作为中药饮片及保健品的原料,调节人体免疫力。另外,在治疗和预防牛腮腺炎、禽类腹泻、鸭病毒性肝炎、牛流行热等禽病中也有一定的作用。板蓝根在防治病虫害方面也有一定的作用。有学者研究表明,板蓝根粗提取物可用于防治罗汉果花叶病毒,且预防效果大于治疗效果。高剂量板蓝根能有效抑制果蝇的生长与生存。

一、板蓝根的传统应用

据本草考证,板蓝根的药用价值最早是以"蓝"载于《神农本草经》,列为上品。入药始于唐代孙思邈的《千金方》,有用板蓝根、大青叶入药的药方,在金元明清时期逐步成为常用药。"板蓝根"这个名字第一次出现,是在宋代官修方书《太平圣惠方》中虎掌丸的药方中。此外,官方典籍《圣济总录》、名医钱乙著作《小儿药证直诀》中也都有含板蓝根方剂的记载。明后期,在《本草纲目》一书中首次以"板蓝"的名字出现,并且在

《名医别录》《唐本草》以及《新修本草》中多有记载，其味苦，性寒，主要具有清热解毒、凉血消斑、利咽止痛之效。1985年《中华人民共和国药典》明确规定，板蓝根为十字花科植物菘蓝（*Isatis indigotica* Fort.）的干燥根，至今被广泛种植应用（表6-1）。

表6-1 板蓝根的本草考证

书名	主治
《神农本草经》	主解诸毒，杀蛊蚑，注鬼，螫毒
《本草纲目》	主治时气头痛，火热口疮，热病发斑，热毒下痢，喉痹丹毒、黄疸痄腮等
《本草图经》	治妇人败血甚佳
《本草便读》	入肝胃血分，不过清热，解毒，辟疫，杀虫四者而已。叶主散，根主降，此又同中之异耳
《药物出产辨》	甘苦而凉，清热破血，解毒凉血
《本草药品实地之观察》	清热毒，消肿痛，专作解毒药用之。亦能清热毒，并能治喉痹、喉风、解毒之外，兼作解热药用之
《本草述钩元》	气味苦寒。治妇人败血，天行热毒
《日华子本草》	治天行热毒
《中药志》	清火解毒，凉血止血。治热病发斑，丹毒，咽喉肿痛，大头瘟，及吐血、衄血等症
《本草述》	苦，寒，无毒。治天行大头热毒
《分类草药性》	凉，解诸毒恶疮，散毒去火

二、板蓝根的现代临床应用

板蓝根具有较高的临床应用价值，常与其他中药如荆芥、薄荷、贯众、金银花、野菊花等组成复方广泛用于病毒感染性疾病，对流行性感冒有良好的治疗作用。此外，板蓝根还用于治疗急性咽喉炎、流行性乙型脑炎、慢性咽炎、单纯疱疹性角膜炎、带状疱疹、肾病血尿症、水痘等，效果显著。

第二节 板蓝根中成药及其应用

《中国药典》2020年版一部收录了板蓝根及含板蓝根的中成药。板蓝根及其中成药被纳入国家药品监督管理局中,其中板蓝根颗粒属于医保目录甲类药物。总结发现,大多数板蓝根相关中成药都与其清热解毒功效相关,常用于治疗温病、斑疹、丹毒及痈肿疮毒等火毒热症。

国家中医药管理局发布的《古代经典名方目录》,共包含217首方剂:汉族医药方剂93首,藏医药方剂34首、蒙医药方剂34首、维医药方剂38首、傣医药方剂18首,其中有2首包含板蓝根(表6-2)。

表6-2 包含板蓝根的方剂

类别	方名	原文			剂型
		出处	处方	制法及用法	
汉族医药	普济消毒饮子	《东垣试效方》"初觉憎寒体重,次传头面肿盛,目不能开,上喘,咽喉不利,舌干口燥,俗云大头天行。"	黄芩、黄连各半两,人参三钱,橘红(去白)、玄参、生甘草各二钱,连翘、黍粘子、板蓝根、马勃各一钱,白僵蚕七分(炒),升麻七分,柴胡二钱,桔梗二钱	右件为细末……咬咀,如麻豆大,每服秤五钱,水二盏,煎至一盏,去滓,稍热,时时服之	煮散
傣医药	雅旧勒(止血散)	《档哈雅塔都档细》(方剂应用历史1500年)"用于治疗各种出血,如二便出血、胃出血、鼻出血、齿出血、崩漏不止等病症。"	火焰花、板蓝根、冰片叶、艾叶、旱莲草、马蹄金、酢浆草各2斤,黑种草子1两	诸药共碾细粉备用。口服,每次2钱,每日3次,开水送服	散剂

板蓝根及其中成药被纳入国家药品监督管理局中,在医保药品目录中被列为可报销药品,具有清热解毒,凉血利咽等功效,常用于治疗感冒、发热等症。

第三节　板蓝根在流行性疾病治疗中的应用

板蓝根通常用于火热毒盛之症，治疗大头瘟毒、头面红肿等。配伍连翘、柴胡、金银花等共奏清热解毒、凉血消肿之功效，治疗流感、上呼吸道感染及各种发热性疾病。现在临床上常用于肝炎、腮腺炎等病毒性疾病及细菌性感染疾病。

历年来，板蓝根在多种流行性疾病中发挥着重要作用，早在20世纪六七十年代就开始盛行，许多基层医生将其做成板蓝根饮片、板蓝根注射液，甚至板蓝根眼药水，用于乙脑、沙眼的治疗。与其他药材相比，板蓝根的一大优点是处处能种，适合赤脚医生学习推广。适应性极强的板蓝根在欧亚大陆从东到西都有分布，北到北欧四国，南到海南岛。

从20世纪70年代到80年代，有文献记录种植板蓝根的省份就有20多个。80年代起，板蓝根在全国开始大量种植和加工，产能扩增的速度迅速提升。1988年，上海暴发甲型肝炎，上海市卫生局拟订的肝炎预防方、治疗方，都以绵茵陈和板蓝根为主要药材，使板蓝根很快供不应求。2003年全国"非典疫情"肆虐，短时间内板蓝根的社会用量激增。原来的供求平衡被打破，板蓝根行情又随之快速上涨。2009年全国大面积爆发甲型H1N1流感，2010年各地手足口病频发，又刺激了板蓝根用量的增加，到2013年H7N9禽流感传染病疫情出现时，板蓝根原来的供求平衡被打破，产业也随之持续发展。2014年，埃博拉病毒在西非暴发，板蓝根还被捐赠给海外疫区，在这些突发传染病疫情中，板蓝根抗病毒的印象被一次次加深。疫情之外，每到流行性感冒高发时期，板蓝根的需求量也迅速上涨。2020年新冠疫情暴发，板蓝根也成为热点中成药。由此可见，板蓝根的需求量也与疫情或者呼吸系统疾病呈现明显的正相关。

第七章 产品开发和综合利用

除药用外,板蓝根还具有促进血液循环、舒缓神经紧张等保健功效,因此被广泛应用于保健品、化妆品等领域。例如菘蓝叶子常用于香料及染色;种子可以帮助缓解压力,促进睡眠;根可以帮助消除疲劳、清热解毒,强身健体,并含有丰富的 B 族维生素和维生素 E,帮助我们缓和过敏反应,预防感冒。本章将从菘蓝在保健品、食品、化妆品等领域的应用加以介绍。

第一节 菘蓝在保健领域的应用与开发

菘蓝中的化学成分主要包括生物碱类、有机酸类、氨基酸类、含硫类、甾醇类以及多糖、黄酮类、大黄素等化合物。生物碱类化合物主要包括靛蓝、靛玉红;有机酸类化合物主要包括棕榈酸、琥珀酸、苯甲酸、亚油烯酸、芥酸等;氨基酸类化合物主要包括精氨酸、谷氨酸、脯氨酸、亮氨酸等;含硫类化合物主要包括告依春、表告依春等;甾醇类化合物主要包括 β-谷甾醇、γ-谷甾醇。菘蓝根含芥子苷、吲醇苷和靛玉红吲哚苷、β-谷甾醇、腺苷、2-羟基-3-丁烯基硫氰酸酯、表古碱、多种氨基酸,幼根含芥苷、新芥苷、菘蓝苷、靛玉红等。叶含靛苷,靛苷先水解为吲哚醇,再经空气氧化成靛蓝,鲜叶含 0.16%,干叶含 0.316%,另外还有丰富的有机酸、黄酮、萜类等,其中生物碱类和有机酸类生物活性较强,具有很大的研究意义。

一、菘蓝叶的有效成分提取及应用

菘蓝叶中的靛蓝和靛玉红相较于茎和根而言，含量较高。在日常生活中，人们对板蓝根比较熟悉，认为板蓝根作用大且疗效好，大多数工厂、实验室常从根中提取靛蓝和靛玉红，而忽略了叶，造成了一定的浪费，使叶得不到很好的利用。菘蓝茎叶含有丰富的矿质元素、维生素和多种营养成分。至少含有17种氨基酸，其中7种为人体必需的氨基酸，其总糖量、纤维素、谷氨酸含量、维生素B_2含量和钾含量较高，开发利用大青叶将会产生较大的经济效益和社会效益。

有关大青叶和板蓝根有效成分的研究多集中在靛蓝、有机酸等几个方面，多糖作为大青叶和板蓝根的有效成分之一，具有免疫调节、抗肿瘤等作用。由于多糖从作用机理到临床研究等方面的应用增多，多糖的提取分离及鉴定技术具有较大的应用价值，能为大青叶和板蓝根多糖的功能食品与新药开发及大青叶的质量控制打下技术基础。多糖的提取分离方式主要有水煎煮法、酸碱提取法、酶法、超临界流体法和超声波法，含量测定主要采用双波长薄层扫描法、紫外分光光度法和高效液相色谱法等。研究者采用水提醇沉法，利用单因素试验和正交试验比较菘蓝叶和根多糖提取的工艺条件，结果表明，菘蓝根、叶中多糖的最佳提取条件为料液比1:25，在80~95℃条件下提取2~3 h，根中多糖得率高于叶中，通过正交试验得在料液比1:25，95℃下提取3.5 h时菘蓝根中多糖得率为3.93%。

二、菘蓝种子的有效成分提取及应用

牟茂森等在菘蓝种子脂肪酸成分中鉴定出11种脂肪酸，其中饱和脂肪酸三种，分别为棕榈酸、硬脂酸、三口酸，占脂肪酸总量的5.95%；不饱和脂肪酸八种，分别为（Z）-9-十六烯酸、花生烯酸、芥酸、山口酸、鲨油酸，占总量的92.29%。不饱和脂肪酸对人体具有多种生理功能，能防止细胞老化，降低血液黏稠度，改善血液循环，并能提高脑细胞的活性，还可在受伤组织的再生中起重要作用，与花生油、大豆油、菜籽油、葵花籽油、棉籽油、玉米油相比，菘蓝种子的不饱和脂肪酸含量最高。

李焘等采用超声提取技术制备菘蓝种子总多酚,同时考察料液比、甲醇质量分数、提取温度以及提取时间等4个因素对总多酚提取效率的影响,最终确定最佳提取工艺条件为料液比1:10,甲醇质量分数60%,提取温度50℃,提取时间40 min,在此工艺条件下,菘蓝种子总多酚得率为(8.92±0.03)mg/g。抗氧化活性评价试验结果表明,菘蓝种子总多酚质量浓度为1.0 μg/mL时,其清除活性与人工抗氧化剂BHT基本相当,具有作为天然抗氧化剂开发利用的潜力。

通过气相色谱—质谱联用技术分析菘蓝种子中脂肪酸成分,结果表明饱和脂肪酸有3种,分别为棕榈酸、硬脂酸、三口酸,占脂肪酸总量的5.95%;不饱和脂肪酸10种,分别为(Z)-9-十六烯酸、棕榈酸、亚油酸、油酸、亚麻酸、11-二十烯酸、花生烯酸、芥酸、山口酸、鲨油酸,占总量的92.29%。不饱和脂肪酸对人体具有多种生理功能,能防止细胞老化,降低血液黏稠度,改善血液循环,并能提高脑细胞的活性,还可在受伤组织的再生中起重要作用。和几种重要的植物油所含的不饱和脂肪酸相比,花生油含79.7%、大豆油含82.6%、菜籽油含57.9%、葵花油含87.4%、棉籽油含70.7%、玉米油含84.8%,菘蓝种子的不饱和脂肪酸含量最高。目前国内外营养学者关注的几种保健油源植物中,紫苏籽不饱和脂肪酸约占90%,月见草的不饱和脂肪酸约占85%,沙棘油中不饱和脂肪酸约占85%,而菘蓝种子不饱和脂肪酸高达92.29%,其不饱和脂肪酸含量比其他3种植物都高,且亚油酸、亚麻酸、油酸都是人体必需的脂肪酸,具有多种活性作用。亚油酸具有降低血清胆固醇、抑制动脉血栓、预防动脉粥样硬化和骨质疏松等作用;亚麻酸具有增强智力、增加免疫力和增强视力等重要生理功能;油酸可维持和促进人体的正常生长发育,是营养界公认的"安全脂肪酸"。因此,菘蓝油可以作为一种很好的保健食用油开发利用。

第二节 菘蓝在食品领域的应用与开发

板蓝根的嫩叶可食用,食用历史可追溯至明朝,据《救荒本草》中记载:"救饥,采菘蓝嫩叶煤熟,水浸去苦味,油盐调食"。适合日常煲的板蓝根汤品,有板蓝根猪展汤、板蓝根桑叶夏枯草汤。而在南京,更有酒家推出板蓝根药膳,还有清炒、上汤板蓝根等菜式,选用板蓝根苗做成热菜。其中,菘蓝芽苗菜是一种可以当作蔬菜食用的栽植品种,它不仅保持了中药板蓝根及大青叶清热解毒的功效,而且口感清淡,略带苦味,既可炒食,也可做汤,是一种新兴的保健蔬菜。由于菘蓝芽苗菜生产周期短,生长过程中不使用农药,因此,它还是绿色蔬菜,深受消费者喜爱。

此外,在菘蓝中提取的靛蓝可用于食用色素。参考 GB 2760—2014《食品安全国家标准 食品添加剂使用标准》,靛蓝能在蜜饯类、凉果类、装饰性果蔬、盐渍的蔬菜、熟制坚果与籽类、可可制品、巧克力和巧克力制品以及糖果、糕点上色、焙烤食品馅料及其表面用挂浆、果蔬汁类饮料、碳酸饮料、风味饮料、配制酒和膨化食品中使用,使用量控制在 0.05~0.2 g/kg 范围内。

将提取的菘蓝多糖按一定比例与金银花、红茶及甜味剂等复配,可制成菘蓝多糖复合饮料。也可在菘蓝提取液中加入浓缩果汁,经均质灌装杀菌后制成菘蓝复合饮料。固体饮料因其便携、方便、易于保存受到消费者的喜爱。可将菘蓝浸膏粉和麦芽糊精制作菘蓝抗疲劳、抑菌固体饮料。现今液体饮料市场产品种类繁多,但随着健康饮食观念愈发深入人心,无糖、低糖、低卡路里、抗疲劳、功能性饮品逐渐成为消费者追捧的产品,菘蓝饮料作为功能性饮品也必将有更为广阔的市场前景(图7-1)。

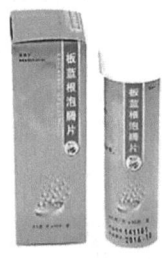

图 7-1 板蓝根产品

当菘蓝芽苗长到 5~10 cm 时,将芽苗摘下,经过清洗、摊放、杀青、摊晾、揉捻、理条、干燥成型等工艺将新鲜菘蓝芽苗制成菘蓝药茶。菘蓝药茶作为一种新型的健康饮品,不仅具有杀菌的作用,还具有药茶独特的味道。与传统茶叶相比,菘蓝茶不含咖啡因、茶碱等具有刺激性提神类化合物,相反,菘蓝药茶中含有丰富的茶氨酸。茶氨酸的神经保护作用,特别是在提升认知水平、缓解焦虑、提高睡眠质量、改善抑郁症状等"精神健康"方面,逐渐得到证实。茶氨酸不仅可以提高记忆力、缓解压力、降低血压、增强免疫力、抑制肿瘤细胞,还可以起到降低咖啡因的兴奋作用和茶多酚的收敛作用。同时,茶氨酸具有鲜爽滋味,可以作为茶饮料品质的改进剂,缓冲咖啡因的苦味和茶多酚的苦味,提高茶饮料的品质和风味。

第三节 菘蓝在化妆品领域的应用与开发

此外,板蓝根在食品、工业等领域也多有应用。板蓝根叶子产出青、蓝等颜料,可用于印染、绘画及彩妆等领域。植物靛蓝,亦称天然靛蓝,最早是从一种叫菘蓝(也称蓝草、蓼蓝、马蓝等)的植物中提取出来的,中国是世界上最早使用靛蓝染料的国家之一。天然靛蓝由于其色泽艳丽、来源广泛、使用方便等优点而被我国古代的劳动人民使用。用菘蓝经发酵提炼制得靛蓝可用于化妆品,这一传统工艺在江苏、浙江、云南、四川、贵州、广西等省(区)的乡村沿用至今。

青黛还是上好的画眉用品。古时女子画眉所用有石墨制成的石黛、孔雀石制成的铜黛和靛蓝制成的青黛。唐代颜师古所撰《隋遗录》中记载的"出波斯国,每颗值十金"的螺子黛是画眉用品中的奢侈品,可以被加工成各种形状,使用时只需蘸水即可描画,使用方便、色泽匀净。李白《对酒》中曾有"青黛画眉红锦靴,道字不正娇唱歌"的佳句,有学者认为唐朝时期画眉用品中的奢侈品螺子黛可能为青黛的精制加工品(图7-2)。

图 7-2 板蓝根化妆品

第四节 菘蓝在染料领域的应用

　　菘蓝是古老的产蓝植物，其主要的次生代谢产物靛蓝是人们最早使用的天然染料之一，因其色泽高雅、绿色环保被广泛应用于扎染及牛仔布、棉布和丝绸织物的染色，并被广泛应用于建筑用涂料、绘画用颜料等。荀子在《劝学》中曾留下"青取之于蓝而青于蓝"的千古名句，说明我国使用天然靛蓝作为染料的历史之悠久。扎染是一种古老的纺织品染色工艺。古时被称为"绞缬"或"绞染"，元人胡三省在他的《资治通鉴音注》中说："缬，撮采以线结之，而后染色。既染则解其结。凡结处皆原色，余则入染矣。"扎染是根据装饰的需要，利用针线对纺织品进行扎缚、缝缀、打结等处理,以达到防染或不等量渗透而显现出色晕天然、边沿柔美、深浅各异、丰富多彩的特殊效果,是一种极为优雅而高尚的染色品,也是雅致而富有趣味的装饰品(图7-3)。

图7-3 菘蓝染料

第五节 板蓝根的综合利用与可持续发展

板蓝根在农业生产及动物饲养中也多被应用。动物饲料中添加表告依春显著降低肝细胞甘油三酯和胆固醇含量,增强短链脂酰辅酶 A 脱氢酶活性,极显著促进肝细胞葡萄糖吸收和糖原的储存,极显著增加 ATP 产生并提高动物肝细胞抗氧化的能力。在罗非鱼基础饲料添加5%~10%的板蓝根复方中草药制剂可有效提高其生长性能、免疫功能,并改善其肠道消化功能。发酵板蓝根添加剂在增加仔猪采食量、提高饲料利用率、提高仔猪日增重及提高仔猪免疫力等方面具有显著作用。

菘蓝种子中含有较多的芥酸,芥酸分子碳链长,疏水性和防水性强,润滑性能优异,氧化—聚合速度较短碳链脂肪酸慢。芥酸是一种很重要的油脂化工产品,在冶金、机械、橡胶、化工、油漆、纺织和医药等领域具有广泛用途。例如,高芥酸油用作钢铁铸造的润滑剂和脱模剂,发烟量少,耗油低；用作高温、高压、高速机械的润滑剂，沸点高，热容量大；用于金属切削热处理，冷却速度快（达 160℃/s），是优良的淬火用油。将芥酸用于铝银浆，能起到很好的抛光作用，使其在色泽、附着性等方面都表现出良好的性能。

第八章 经济分析与展望

第一节 板蓝根种植效益分析

随着市场需求量的增长和国家对中药产业的支持，板蓝根作为常规的中药材大宗品种之一，其种植前景总体上较为乐观。且板蓝根味苦性寒，归心、胃、肝、胆经，清热解毒，凉血利咽，现代药理学表明其具有良好的抗菌消炎、抗病毒、抗内毒素、抗肿瘤、增强免疫等用途。2020年疫情推动了现代医疗模式开始从单纯的治疗疾病到预防、保健、治疗、康复相结合的模式转变，这种模式的转变正契合了板蓝根标本兼治、预防为主的传统理念。2022年板蓝根产量接近13.48万t，需求量为13.11万t。2020年的疫情冲击下，板蓝根的市场价格快速上涨，2022年市场价达25.00元/kg。由于板蓝根良好的防治功效，以板蓝根为主要原料的药物众多，市场接受度高，2022年我国板蓝根市场规模达到17.25亿元。但随着疫情防控的调整，板蓝根市场规模在经历三年暴涨后又回落至正常水平，目前为15元/kg。可见市场价格受市场供需关系、政策调控，以及当年的种植面积和气候条件等因素影响，板蓝根种植效益会存在一定的波动性。

板蓝根种植成本包括种子肥料等农资费用、农机使用费用、水电费用、人工费用以及其他费用等。我国板蓝根种植过程中，种子需求量为1.5~4.0 kg/亩，按照市场价格20元/kg左右算，每亩种子成本为30~80元，肥料投入200~400元，除草剂等农药120元，滴灌带150~200元，水电支出60~100元，人工600~1 000元不等，机耕和采收等费用300元左右，每亩总投入在 1 500~2 200 元。据调查统计，2023 年新疆阿勒泰地区板蓝根种植成本为每亩 1 900 元（不含土地租赁费）。南方地区（淮河以南）亩产大青根 250 kg 和大青叶 300 kg 左右。而北方地区，如黄河以北，因日照时间较长，亩产量可能更高，大青根达到 280 kg，大青叶达到 220 kg，东北、西北地区亩产量甚至可以达到大青根 350 kg 和大青叶 200 kg 左右。市场统货价波动，一般情况下为 10 元/kg 左右，据此计算，亩产值可能在 2 800~3 500 元或更高。具体取决于实际操作中的成本控制和市场价格走势。

总的来说，只要合理安排种植、加强田间管理、降低生产成本，并结合市场动态适时销售，板蓝根种植确实有较好的经济效益。不过，种植者应持续关注市场行情变化和新的种植技术，以确保最佳种植效益。

第二节　市场前景与发展趋势

板蓝根种植的市场前景既有机遇也有挑战，需要种植者和相关企业密切关注市场动态、政策法规和技术革新，以适应不断变化的市场需求，实现可持续发展。同时，随着消费者对中医药认可度的提高和健康意识的增强，板蓝根及相关制品在未来可能会有更大的发展空间。具体表现在以下六个方面。

一是市场需求稳定增长。板蓝根因其广泛的药用价值，在中成药生产领域有着稳定的市场需求，尤其在防治流感和其他传染病方面，市场需求量逐年呈增加趋势。

二是规范化生产要求提高。为了保障产品质量和消费者的用药安全，板蓝根行业需要遵循更严格的规范化生产流程，建立完善的管理体系，加强原材料质量控制，这将有助于提升整个行业的标准化程度和市场竞争力。

三是种植面积调整与产业升级。面对市场需求的变化，各地药农积极调整种植规模，例如 2023 年板蓝根种植面积达到了 80 万亩。然而，市场上也曾出现过滞销情况，表明种植面积和产量需要根据市场需求灵活调节，避免盲目扩张导致市场饱和。

四是技术创新与研发。未来板蓝根行业技术开发方向将涉及新品种培育、高效种植技术、深加工产品研发等方面，以提高单位面积产量、改善品质并拓宽产品应用范围。

五是行业整合与集中度提高。随着行业规范化的推进和市场竞争加剧，预计会出现一定程度的行业整合，大型企业和合作社可能通过规模化、集约化经营提高市场占有率。

六是政策导向与支持。中医药产业受到国家政策扶持，板蓝根作为重要药材之一，有望在"十四五"规划等政策引导下得到进一步发展，尤其是在现代化中医药产业链建设、道地药材保护与发展等领域。

参考文献

白慧，白瑛，2007. 板蓝根药理作用及临床应用体会 [J]. 包头医学，31（4）：218-220.

陈磊，陈建萍，刘雪梅，等，2021. HPLC 法测定板蓝根颗粒中（R,S）-告依春的含量 [J]. 中国处方药，19（3）：29-30.

陈苏丹，2014. 菘蓝遗传多样性及其药材品质评价研究 [D]. 南京：南京农业大学.

陈威，曹成茂，张远，等，2021. 太子参联合收获机挖掘铲的设计与试验 [J]. 甘肃农业大学报，56（4）：178-184，194.

陈学深，马旭，陈国锐，等，2015. 深根茎类中药材根土分离装置的研究 [J]. 机械设计，32（7）：65-70.

程一启，张兆国，张丹，等，2019. 三七收获机组合式挖掘铲减阻效果研究：基于 EDEM [J]. 农机化研究，41（2）：55-60.

池絮影，崔曰新，张蜀，等，2015. 一测多评法测定板蓝根颗粒中 4 种成分的含量 [J]. 中国生化药物杂志，35（10）：137-140.

迟道才，2009. 节水灌溉理论与技术 [M]. 北京：中国水利水电出版社.

崔振猛，张兆国，王法安，等，2018. 振动式三七根土分离装置的运动学分析及优化设计 [J]. 西北农林科技大学学报，46（11）：146-154.

丁思佳，李桂芳，吕新华，等，2023. 古尔班通古特沙漠宽翅菘蓝和四齿芥在沙土和灰漠土中的生长差异 [J]. 石河子大学学报：自然科学版,41(4):461-468.

杜华波,张传利,何素明,等,2019. 一种林下种植板蓝根的收割装置:CN201822114709.0[P]. 2019-09-27.

端木令坚,2020. 木薯收获机仿生挖掘铲减阻设计与研究[D]. 长春:吉林大学.

樊昱,2020. 基于离散元法的马铃薯挖掘机理研究及仿生铲设计[D]. 沈阳:沈阳农业大学.

范开欣,2018. 甘草收获机设计及关键机构仿真分析[D]. 兰州:甘肃农业大学.

冯治朋,杨杰,吴相周,等,2023. 板蓝根规范化种植技术[J]. 农业与技术,43(7):54-57.

付照羽,冯治朋,韩颜超,等,2023. 板蓝根研究进展[J]. 现代农业科技(14):41-45.

高明星,闵婷宁,2008. 芦笋套种板蓝根高效种植模式[J]. 河北农业科技(2):12.

辜松,艳丽,张跃峰,等,2013. 荷兰蔬菜种苗生产装备系统发展现状及对中国的启示[J]. 农业工程学报,29(7):185-193.

国家药典委员会,2020. 中华人民共和国药典(一部)[M]. 北京:人民卫生出版社.

韩文静,2022. 板蓝根与柴胡栽培种质产量与品质评价[D]. 北京:北京协和医学院.

韩文静,万河妨,付晓东,等,2023. 菘蓝种质资源和品种选育研究进展[J]. 分子植物育种,21(19):6573-6580.

浩文婷,晋玲,王振恒,等,2022. 板蓝根质量评价方法及其质量相关影响因素研究进展[J]. 甘肃中医药大学学报,39(2):74-78.

何家庆,2012. 中国外来植物[M]. 上海:上海科学技术出版社.

贺美忠,殷建军,王瑞军,等,2019. 晋北高寒冷凉区板蓝根套种玉米综合评价研究[J]. 安徽农学通报,25(7):31-32,49.

黄璐琦,2021. 中药材商品规格等级标准图集[M]. 北京:中国中医药出版社.

黄英群, 2018. 一种板蓝根收割机：CN107646287A [P]. 2018-02-02.

黄远, 董福越, 李楚源, 2020. 板蓝根中主要化学成分含量测定方法研究进展 [J]. 中国药业, 29 (7): 150-156.

黄志海, 丘小惠, 宫璐, 等, 2017. 板蓝根与南板蓝根及其混淆品的ITS2条形码鉴定 [J]. 中药材, 40 (1): 50-53.

姜涛, 郑艳, 李艳成, 2018. 板蓝根大垄双行机械采收高产栽培技术 [J]. 特种经济动植物, 21 (7): 37-38.

康传志, 吕朝耕, 黄璐琦, 等, 2020. 基于区域分布的常见中药材生态种植模式 [J]. 中国中药杂志, 45 (9): 1982-1989.

康清华, 丁宏斌, 2020. 甘肃中药材机械化收获技术探讨 [J]. 农机科技推广 (6): 41-42, 44.

郎冲冲, 徐路路, 潘昊建, 等, 2020. 三七种苗仿生挖掘铲设计与有限元分析 [J]. 中国农机化学报, 41 (9): 82-88.

黎跃成, 2001. 药材标准品种大全. 成都: 四川科学技术出版社.

李博华, 张汉明, 范国荣, 等, 2000. 四倍体菘蓝毛状根的培养及其抗内毒素成分分析 [J]. 中国药学杂志 (11): 8-11.

李丹, 2019. 板蓝根在兽医临床上的应用研究 [J]. 今日畜牧兽医, 35 (4): 70-71.

李焘, 屈新运, 王喆之, 2011. 菘蓝种子总多酚提取工艺的优化及抗氧化活性研究 [J]. 中成药, 33 (11): 1895-1900.

李芳蓉, 刘淑梅, 刘凤霞, 等, 2019. 超声波清洗技术及其在中药材清洗中的应用研究 [J]. 中兽医医药杂志, 38 (1): 32-35.

李恒, 陈江平, 甘力帆, 等, 2021. 板蓝根饮片炮制工艺研究 [J]. 中医药导报, 27 (1): 58-61.

李京生, 武博, 曹正青, 等, 2012. 中药材商品规格的变迁 [J]. 首都医药, 19 (3): 41-42.

李坤, 2020. 根茎类中药材热风干燥的失水动力学模型及特性机理研究 [D]. 昆明: 云南师范大学.

李明明，2022. 板蓝根提取物表告依春对高脂饮食诱导的肝脏糖脂代谢的调控研究 [D]. 南宁：广西大学.

李娜，金丽华，2019. 板蓝根提取物对果蝇的杀虫作用 [J]. 林业科技通讯（9）：96-99.

李鹏英，王海洋，李健，等，2016. 中药材商品规格等级的形成和演变 [J]. 中国中药杂志，41（5）：764-768.

李硕，俱蓉，张竞，等，2023. 甘肃省市售板蓝根饮片质量分析 [J]. 甘肃中医药大学学报，40（1）：28-35.

李翊华，张文斌，张荣，等，2017. 河西绿洲板蓝根良种繁育技术 [J]. 中国种业（10）：73-74.

梁丽丽，王英姿，李环环，等，2012. 板蓝根饮片的浸润切制工艺优选 [J]. 中国实验方剂学杂志，18（21）：28-30.

刘和平，王鹏，2020. 板蓝根规模化种植技术 [J]. 农家参谋（1）：124.

娄卫宁，邱福军，1998. 板蓝根滴眼液的制备及临床应用 [J]. 中国药学杂志，33（8）：5012-5021.

吕林锋，聂黎行，陈运动，等，2022. 板蓝根的性状和显微鉴别研究 [J]. 中国药学杂志，57（6）：453-457.

马生军，谭敦炎，2007. 短命植物甘新念珠芥（*Neotorularia korolkovii*）和宽翅菘蓝（*Isatis violascens*）的物候与性表达特征 [J]. 生态学报（2）：486-496.

马伟男，2022. 防风收获机关键部件设计与仿生铲减阻碎土性能试验 [D]. 保定：河北农业大学.

马伟男，宋强，高喜银，等，2022. 一种自走式防风收获机：CN215379921U [P]. 2022-01-04.

马文鹏，尤泳，王德成，等，2021. 多年生苜蓿地切根补播机低阻松土铲设计与试验 [J]. 农业机械学报，52（2）：86-95，144.

马洋，汤杰岑，2003. 芝麻套种板蓝根相得益彰收入增 [J]. 农村百事通（19）：16.

马跃进，王安，赵建国，等，2019. 基于离散元法的凸圆刃式深松铲减阻效果仿真分析与试验［J］. 农业工程学报，35（3）：16-23.

毛营营，栗焕焕，郑富香，等，2021. 不同产地板蓝根 HPLC 指纹图谱结合化学模式识别研究［J］. 中华中医药杂志，36（6）：3147-3151.

牟茂森，王喆之，2007. 菘蓝种子脂肪酸的 GC-MS 分析［J］. 现代生物医学进展（2）：221-223.

聂思铭，祖元刚，张磊，等，2012. 板蓝根和南板蓝根的显微结构比较［J］. 安徽农业科学，40（13）：7703-7705.

牛寅，2016. 设施农业精准水肥管理系统及其智能装备技术的研究［D］. 上海：上海大学.

彭晓亮，2017. 4GB-700 型板蓝根收获作业机试验分析［J］. 农业村牧区机械化（4）：23-25.

申琼琪，侯惠婵，栗建明，等，2014. 板蓝根与南板蓝根及其伪品的比较鉴别［J］. 中国医药工业杂志，45（1）：31-34.

沈建光，徐云松，俞雄杰，2003. 大剂量板蓝根治疗水痘［J］. 中国临床医生，11（6）：63.

沈亚芳，王乐然，周伟，等，2019. 我国中药材产业发展现状及对策［J］. 中国农村科技（12）：72-75.

水清明，王兴政，文殷花，2017. 高产优质抗逆板蓝根新品种"定蓝1号"选育及规范化栽培技术研究［J］. 中药材，40（1）：22-25.

隋春，孙天琦，周蕾，2023. 基于菘蓝全基因组开发的 SSR 引物组及其应用：CN116463453A［P］. 2023-07-21.

孙翠萍，王书林，林海霞，等，2012. 南北板蓝根的本草考证与现代研究［J］. 亚太传统医药，8（8）：183-184.

唐小鹏，1991. 板蓝根饮片片型对其水溶性浸出物及还原糖含量的影响［J］. 中国中药杂志（3）：151-152.

万建宏，2019. 浅谈中药材收获机械的发展现状与对策［J］. 农业技术与装备（5）：15-16.

参考文献

王红辉,马飞,2020. 脱壳丸粒化包衣板蓝根种子精量化播种试验示范研究 [J]. 种子科技,38 (23):30-31.

王莲芳,1989. 板蓝根汤治疗口腔溃疡 [J]. 山西中医,10 (3):126.

王荣炎,郑志安,高磊,等,2022. 中药农业机械化收获技术现状及对策 [J]. 农机化研究 (7):307-317.

王瑞,杨海英,杨琪伟,等,2010. 板蓝根的质量标准研究 [J]. 中草药,41 (3):478-480.

王薇,2014. 北药板蓝根收获机的研制 [J]. 新疆农机化 (4):22-24.

王兴政,潘晓春,杨薇靖,等,2023. 板蓝根新品种定蓝2号选育报告 [J]. 寒旱农业科学,2 (5):420-423.

王亚琦,葛秀允,2018. 板蓝根饮片产地加工炮制技术研究 [J]. 中国药房,29 (5):656-658.

王永生,陈静,陶欢,等,2016. 精准农业技术对生态环境的影响评价研究进展 [J]. 中国农业科技导报,18 (4):73-78.

吴国学,2018. 不同产地板蓝根中有效成分含量分析 [J]. 国医论坛,33 (2):63-64.

肖春霞,黄晓婧,文永盛,等,2017. HPLC法同时测定板蓝根颗粒中腺苷和 (R,S) -告依春的含量 [J]. 中国药物评价,34 (2):81-85.

谢宗万,1964. 中药材品种论述,上册 [M]. 上海:上海科学技术出版社,304-307.

徐秀霞,2021. 根茎类中药材收获机械现状及收获工艺分析 [J]. 河北农机 (8):9-10.

许渊,王锋,张方圆,等,2020. 黄芪收获机分离装置的设计与仿真分析 [J]. 林业机械与木工设备,48 (10):14-19.

闫帅,崔清亮,张燕青,等,2023. 党参收获滚筒式根土分离试验台的设计与试验 [J]. 甘肃农业大学学报 (4):226-234.

杨丹,刘贤贤,程忠泉,2019. 桂北药用植物资源现代研究 [M]. 南京：河海大学出版社.

杨红霞，2015. 全膜双垄沟播蚕豆套种板蓝根高效栽培技术模式［J］. 中国农技推广，31（10）：27-28

杨平飞，吴明开，罗鸣，等，2017. 钩藤套种板蓝根效益研究［J］. 农技服务，34（12）：27.

杨仁录，申俊忠，2016. 宕昌县板蓝根种子繁育技术要点［J］. 甘肃农业科技（11）：96-98.

尹亚梅，2017. 树莓套种板蓝根绿色高效栽培技术［J］. 农业与技术，37（10）：124.

尹玉洁，常丽萍，2021. 中药连花清瘟胶囊/颗粒在呼吸系统疾病中的药理研究及临床应用进展［J］. 中国临床药理学与治疗学，26（10）：1174-1180.

于迪，杨辛欣，王莹，等，2022. 防风趁鲜切制的含水率及不同干燥方式对饮片质量的影响［J］. 中草药，53（9）：2678-2686.

于庆旭，曹光乔，陈彬，等，2022. 根茎类中药材收获机械化应用及研究现状［J］. 中国农机化学报，43（8）：15-21.

于庆旭，王国祥，蔡子平，等，2022. 一种根茎类中药材露头覆膜整卷带式移栽机及其种植方法：CN113692825B［P］. 2022-04-12.

岳元满，何存财，吴劲锋，等，2020. 甘草挖掘机茎土分离装置运动学仿真分析［J］. 林业机械与木工设备，48（6）：15-19.

张丹，2018. 三七收获机关键部件的改进与试验研究［D］. 昆明：昆明理工大学.

张海燕，彭斌，2017. 板蓝根粗提物对罗汉果病毒病的防治效果初探［J］. 南方农业，11（14）：14-16.

张汉明，李博华，许铁峰，等，2000. RiT-DNA 对四倍体菘蓝的遗传转化及其植株再生［J］. 中国中药杂志（11）：17-20.

张强，康琛，李曼玲，2008. 板蓝根饮片炮制沿革的研究［J］. 中国实用医药（30）：203-204.

张钦德，2013. 绿色道地药材规范化生产新技术［M］. 济南：山东人民出版社.

张文斌, 张荣, 李文德, 等, 2017. 水肥耦合对河西绿洲板蓝根生理特性及产量影响 [J]. 西北农业学报, 26 (1): 25-31.

张文斌, 张荣, 李翊华, 等, 2016. 河西走廊荒漠化区域板蓝根水肥一体化栽培技术 [J]. 安徽农业科学, 44 (3): 29-30.

张新刚, 吴晶, 贾忠, 等, 2020. 菘蓝新品种"中青一号"质量标准的建立 [J]. 西部中医药, 33 (11): 44-47.

张泽璞, 2021. 板蓝根收获机关键部件设计与试验研究 [D]. 大庆: 黑龙江八一农垦大学.

张泽璞, 陶桂香, 衣淑娟, 等, 2020. 板蓝根收获机挖掘铲的设计与有限元仿真分析 [J]. 农机化研究, 42 (12): 39-45.

赵俊侠, 张中社, 龙凤来, 2014. 猕猴桃果园套种板蓝根试验研究 [J]. 价值工程, 33 (24): 315-316.

赵丽, 2010. 板蓝根药理作用、临床应用及不良反应 [J]. 河北中医, 32 (7): 1059-1060.

赵玉彩, 2005. 浅谈间作、套种、轮作 [J]. 生物学教学, 30 (9): 69.

赵祖松颖, 郑志安, 黄璐琦, 2020. 中药材生产机械化的技术装备需求量化模型构建 [J]. 农业工程学报, 36 (10): 307-317.

郑孟静, 李岩, 贾秀领, 2021. 主要农作物多样化轮作制度研究进展及展望 [J]. 华北农学报, 36 (S1): 215-221.

钟昆芮, 王亚芳, 张连彦, 等, 2019. 板蓝根指标成分分布分析及药材质量评价研究 [J]. 中国兽药杂志, 53 (7): 36-43.

周梦渊, 2020. 黄芪收获机振动挖掘铲的设计与实验 [D]. 镇江: 江苏大学.

朱性宾, 朱翠平, 2004. 间作套种效益高 [J]. 科学种田 (9): 9.